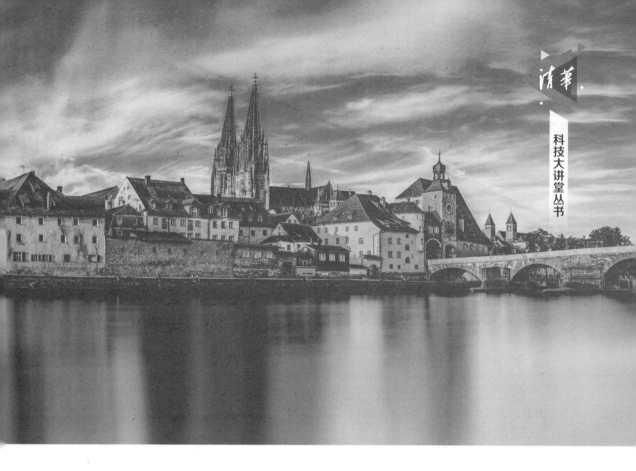

科技大讲堂丛书

UML Object−oriented Analysis，Modeling and Design

UML面向对象

分析、建模与设计（第2版）微课视频版

吕云翔 赵天宇◎编著

U0253199

清華大学出版社

北京

内 容 简 介

本书介绍使用 UML 进行软件建模的方法与软件工程的基础知识。全书主要分为三部分。

第 1 部分简要介绍软件工程的产生、发展历史及重要作用，对面向对象方法的概念和原则加以阐释，由此推出 UML 的概念和作用，介绍 UML 的基本概念模型，并介绍多种 UML 建模的重要工具。

第 2 部分对每种 UML 图进行具体介绍，内容涵盖 UML 中的用例图、类图、对象图、包图、顺序图、通信图、状态机图、活动图、组件图、部署图。

第 3 部分首先结合 UML 的实用过程，介绍统一软件开发过程的相关概念，并且通过小型网上书店系统、小型二手货交易系统、汽车服务管理系统三个具体案例，使读者在实际开发过程中加深对使用 UML 的理解。

本书理论与实践结合，可以很好地帮助读者掌握 UML 建模的基本思想，并学会读懂和建立 UML 模型。本书既可作为高等院校计算机与软件相关专业的教材，也可作为软件从业人员的学习指导用书。

图书在版编目（CIP）数据

UML 面向对象分析、建模与设计：微课视频版/吕云翔，赵天宇编著.—2 版.—北京：清华大学出版社，2021.4（2024.8 重印）

（清华科技大讲堂丛书）

ISBN 978-7-302-55151-5

Ⅰ. ①U… Ⅱ. ①吕… ②赵… Ⅲ. ①面向对象语言－程序设计－高等学校－教材 Ⅳ. ①TP312.8

中国版本图书馆 CIP 数据核字(2020)第 050478 号

策划编辑：魏江江
责任编辑：王冰飞
封面设计：刘 键
责任校对：时翠兰
责任印制：丛怀宇

出版发行：清华大学出版社
　　网　　　址：https://www.tup.com.cn，https://www.wqxuetang.com
　　地　　　址：北京清华大学学研大厦 A 座　　　　邮　　编：100084
　　社　总　机：010-83470000　　　　　　　　　　邮　　购：010-62786544
　　投稿与读者服务：010-62776969，c-service@tup.tsinghua.edu.cn
　　质量反馈：010-62772015，zhiliang@tup.tsinghua.edu.cn
　　课件下载：https://www.tup.com.cn，010-83470236
印 装 者：三河市龙大印装有限公司
经　　销：全国新华书店
开　　本：185mm×260mm　　　印　　张：15.25　　　字　　数：359 千字
版　　次：2018 年 5 月第 1 版　2021 年 5 月第 2 版　　印　　次：2024 年 8 月第 12 次印刷
印　　数：53501～55500
定　　价：49.80 元

产品编号：086809-01

党的二十大报告指出：教育、科技、人才是全面建设社会主义现代化国家的基础性、战略性支撑。必须坚持科技是第一生产力、人才是第一资源、创新是第一动力，深入实施科教兴国战略、人才强国战略、创新驱动发展战略，开辟发展新领域新赛道，不断塑造发展新动能新优势。高等教育与经济社会发展紧密相连，对促进就业创业、助力经济社会发展、增进人民福祉具有重要意义。

本书第 1 版于 2018 年 5 月正式出版以来，经过了多次印刷，许多高校将其作为"UML面向对象分析与设计"课程的教材，深受师生的欢迎，获得了良好的社会效益。在第 1 版中的一些内容，由于技术的进步，有必要做出及时的更新。因此，作者对本书进行了改版。本书相比第 1 版的改动内容如下。

（1）在各章节的重要的知识点上都配备了微课视频（见附表的表1），如在讲述类图的正向工程和逆向工程时，就用了微课视频，具体举例来解释，这样能够更形象地使读者理解类图的正向工程和逆向工程。

（2）提供了在线题库。为每章提供在线习题，包括选择题、判断题和应用题等，并提供习题解答。

（3）提供完整案例的开发文档（包括项目计划、需求分析说明书、设计说明书和测试分析报告），以及代码（见附表的表2），能够让读者真正理解如何将所学的知识应用到实际的项目开发过程中。

（4）本书配套资源丰富，包括教学大纲、教学课件和电子教案。

资源下载提示

课件等资源：扫描封底的"课件下载"二维码，在公众号"书圈"下载；或扫描目录上方的二维码。

在线题库资源：扫描封底的题库卡，可以在线做题。

视频等资源：扫描封底刮刮卡中的二维码，再扫描书中相应章节中的二维码，可以在线学习。

希望通过这样的修改之后，教师和学生更喜欢这本书；希望本书信息容量大、知识性强、面向对象的开发能力的全面培养和实际应用等这些特点能够很好地延续下去。

本书的作者为吕云翔、赵天宇，曾洪立参与了部分内容的编写、素材整理和配套资源制作。

本书中的 8 个项目案例，选自作者所教授的"软件工程基础"课程的大作业。参与项目案例开发的团队有陈聪涌团队、李勇杰团队、刘子明团队、刘子辰团队、马瀚元团队、邱瑞南团队、王丽婷团队和赵瑞琪团队，在此向他们表示衷心的感谢。此外，对为此书的编写提供过帮助的其他教师和学生也一并表示衷心的感谢。

最后，请读者不吝赐教，提出宝贵意见。

编　者

第1版 前言

随着人类迈进信息时代，计算机软件越来越多地应用到系统控制、资源调配、数据分析等工作中。因此，对软件产品的安全性、稳定性和效率提出了更高的要求。而软件的开发需要人的智慧，很难工程化，这有可能导致在计算机软件开发和维护过程中遇到一系列问题。为解决好这些问题，软件工程学科应运而生。

在软件工程学科发展历程中，UML(Unified Modeling Language，统一建模语言)作为一种定义良好、易于表达、功能强大且使用范围广泛的标准建模语言，获得了工业界、科技界的广泛支持。它融入了软件工程领域的许多新兴的思想、方法和技术，支持从需求分析开始的软件开发的全过程。时至今日，UML已然成为世界公认的面向对象标准建模语言。熟练使用 UML 建模，是软件工程师、软件设计师的基本素质。对于学生而言，UML 可以起到引领认识软件工程核心要素，以体系化、工程化方法思考软件开发过程，清晰各部分逻辑的重要作用。

我们阅读了市面上大量与 UML 相关的书籍，发现了其中一些缺陷和不足。例如，使用的规范过旧(如 UML 1 规范，最新则是 UML 2.4)；将案例与 UML 概念的讲解分离开，开发过程不符合软件工程过程的工作流，甚至不提供开发案例，无法让读者从开发过程中深入体会 UML 的作用，也不能加深读者对概念的印象；讲解过于针对实例，读者很难根据其描述扩展到解决自己的问题上；结构混乱，描述过于抽象；讲解枯燥，缺少实例；等等。

本书在以下几个重要方面有突出特色：

目标针对性强。本书针对国内计算机、软件相关专业学生，旨在让有一定程序编写能力、未来有志从事软件开发和设计工作的学生学习标准的建模语言，获得设计软件的逻辑能力以及对软件内部各种组织结构的表达能力，为后续课程的学习和求职打下坚实的基础。

内容保持最新。本书结合了互联网时代软件思想更新快的特点，坚持使用最新的 UML 标准；重点介绍使用新技术的案例，避免使用老式的、可能导致潜在风险的分析和设计方法。

结构合理，引人入胜。本书结构安排合理，由浅入深，先从读者了解的现实世界入手，抽象出 UML 的核心概念，而不是"填鸭式"地灌输。在简要介绍 UML 的元素后，通过提出一个现实需求，引发读者的思考。之后展示 UML 的 10 种图，由于读者对核心概念已了然于心，只需要专注于将元素对应到图例符号，减轻了学习难度，激发了学生的思考。

　　理论结合实践。在讲解 UML 的视图和图的过程中穿插进了一个实际的软件开发案例，让学生从实践中体会 UML 的简洁性和重要性，加深对 UML 概念的印象。在书的最后几章给出了更多的软件工程具体实例，让教师能采用丰富的例子进行教学，同时学生也能够了解到更多的工程相关知识，提高软件分析和设计的综合能力。

　　需要说明的是，本书遵照 UML 2.0 规范，主要使用 Enterprise Architect 软件进行绘图。因此，可能会有部分术语以及图的细节与 UML 1.x 规范中的图不同。例如：UML 1.x 中的"协作图"改名为"通信图"，UML 2.0 规范中顺序图与协作图中不再在对象名称下添加下画线，等等。

　　本书的作者为吕云翔、赵天宇、丛硕，曾洪立、吕彼佳、姜彦华负责了素材整理及配套资源制作等工作。由于我们的水平和能力有限，本书难免有疏漏之处。恳请各位同仁和广大读者给予批评指正，也希望能将实践过程中的经验和心得与我们交流。

编　者

2018 年 2 月

本书思维导图

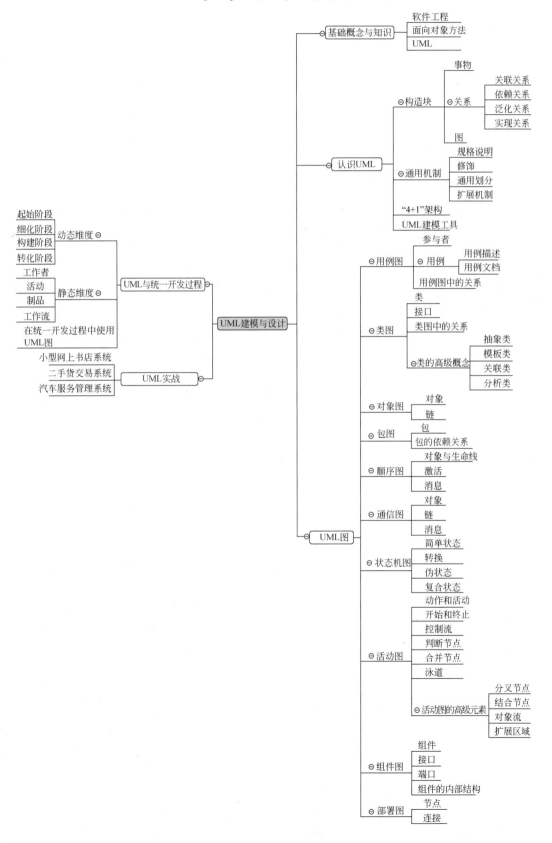

- 基础概念与知识
  - 软件工程
  - 面向对象方法
  - UML

- 认识UML
  - 构造块
    - 事物
    - 关系
      - 关联关系
      - 依赖关系
      - 泛化关系
      - 实现关系
    - 图
  - 通用机制
    - 规格说明
    - 修饰
    - 通用划分
    - 扩展机制
  - "4+1"架构
  - UML建模工具

- UML建模与设计
  - UML与统一开发过程
    - 动态维度
      - 起始阶段
      - 细化阶段
      - 构建阶段
      - 转化阶段
    - 静态维度
      - 工作者
      - 活动
      - 制品
      - 工作流
    - 在统一开发过程中使用UML图
  - UML实战
    - 小型网上书店系统
    - 二手货交易系统
    - 汽车服务管理系统
  - UML图
    - 用例图
      - 参与者
      - 用例
        - 用例描述
        - 用例文档
      - 用例图中的关系
    - 类图
      - 类
      - 接口
      - 类图中的关系
      - 类的高级概念
        - 抽象类
        - 模板类
        - 关联类
        - 分析类
    - 对象图
      - 对象
      - 链
    - 包图
      - 包
      - 包的依赖关系
    - 顺序图
      - 对象与生命线
      - 激活
      - 消息
    - 通信图
      - 对象
      - 链
      - 消息
    - 状态机图
      - 简单状态
      - 转换
      - 伪状态
      - 复合状态
    - 活动图
      - 动作和活动
      - 开始和终止
      - 控制流
      - 判断节点
      - 合并节点
      - 泳道
      - 活动图的高级元素
        - 分叉节点
        - 结合节点
        - 对象流
        - 扩展区域
    - 组件图
      - 组件
      - 接口
      - 端口
      - 组件的内部结构
    - 部署图
      - 节点
      - 连接

附 表

表 1　本书视频二维码索引列表

序号	视频内容标题	视频二维码位置	所在页码
1	Enterprise Architect 的安装与使用	3.4　UML 建模工具	26
2	Rational Rose 的安装与使用	3.4　UML 建模工具	27
3	Rational Software Architect 的安装与使用	3.4　UML 建模工具	27
4	StarUML 的安装与使用	3.4　UML 建模工具	27
5	ProcessOn 的安装与使用	3.4　UML 建模工具	29
6	使用 EA 绘制"机票预订系统"的用例图	4.5　实验：绘制"机票预订系统"的用例图	48
7	使用 EA 实现类图的正向工程和逆向工程	5.3.2　使用类图进行正向工程与逆向工程	69
8	使用 EA 绘制"机票预订系统"的类图	5.4　实验：绘制"机票预订系统"的类图	73
9	使用 EA 生成"机票预订系统""Airport"类和"Flight"类的代码	5.4　实验：绘制"机票预订系统"的类图	75
10	使用 EA 绘制"机票预订系统"的对象图	6.4　实验：绘制"机票预订系统"的对象图	83
11	使用 EA 绘制"机票预订系统"的包图	7.4　实验：绘制"机票预订系统"的包图	92
12	使用 EA 绘制"机票预订系统""登录"用例的顺序图	8.6　实验：绘制"机票预订系统""登录"用例的顺序图	103
13	使用 EA 绘制"机票预订系统"其他用例的顺序图	8.6　实验：绘制"机票预订系统""登录"用例的顺序图	103
14	使用 EA 绘制"机票预订系统""查询航班"用例的通信图	9.5　实验：绘制"机票预订系统""查询航班"用例的通信图	112
15	使用 EA 绘制"机票预订系统"的其他用例的通信图	9.5　实验：绘制"机票预订系统""查询航班"用例的通信图	112
16	使用 EA 绘制"机票预订系统""航班"类的状态机图	10.4　实验：绘制"机票预订系统""航班"类的状态机图	128
17	使用 EA 绘制"机票预订系统"的其他类的状态机图	10.4　实验：绘制"机票预订系统""航班"类的状态机图	128
18	使用 EA 绘制"机票预订系统""购买机票"用例的活动图	11.5　实验：绘制"机票预订系统""购买机票"用例的活动图	142
19	使用 EA 绘制"机票预订系统"的其他用例的活动图	11.5　实验：绘制"机票预订系统""购买机票"用例的活动图	142
20	使用 EA 绘制"机票预订系统"的组件图	12.4　实验：绘制"机票预订系统"的组件图	151
21	使用 EA 绘制"机票预订系统"的部署图	13.4　实验：绘制"机票预订系统"的部署图	157
22	"小型网上书店系统"的完整开发过程	第 15 章　案例：小型网上书店系统	182
23	"小型二手货交易系统"的完整开发过程	第 16 章　案例：小型二手货交易系统	194
24	"汽车服务管理系统"的完整开发过程	第 17 章　案例：汽车服务管理系统	209

目 录

资源下载

第 1 部分

第 2 部分

第 3 部分

第 1 部分

第1章

软件工程与面向对象方法

20世纪60年代中期以来,软件系统规模越来越大,系统的复杂性也不断增加。20世纪60年代,由于人们难以掌握软件开发过程和开发方法,导致了软件危机。为了解决这一问题,软件工程的思想被提出并逐步为人们所重视。当时,主流的开发方法是结构化的分析与设计方法,这种方法的缺陷逐渐暴露出来。因此,人们逐渐寻找到了一种新的途径——面向对象方法。面向对象的概念自20世纪60年代后期出现以来,现在已经发展成为一种完整的思想与方法体系并且获得了广泛应用,其在软件开发方面显现出的巨大优越性使得人们将其作为一个解决软件危机的突破口。如今,面向对象技术已经延伸到了软件开发的每个过程并逐步形成了一种完善的机制。

1.1 软件工程

软件工程以系统性的、规范化的、可定量的过程化方法开发和维护软件,以及研究如何把经过时间考验而证明正确的管理技术和当前能够得到的最好的技术方法结合起来。本节主要介绍软件工程的发展过程及相关概念。

1.1.1 软件工程的历史

从20世纪60年代中期开始,软件行业进入了一个大发展时期。软件开始作为一种产品被使用,同时也产生了许多软件公司。然而,随着软件规模的扩大、复杂性的增加、功能的增强,早期的自由软件开发方式使得高质量的软件开发变得越来越困难。在软件开发的过程中,经常会出现不能按时完成任务、产品质量得不到保证、工作效率低下和开发经费严重超支等情况,失败的软件项目比比皆是。这一系列问题导致了"软件危机"的产生。

软件危机的出现及其日益严重的趋势,充分暴露了软件产业在早期发展过程中存在的各种各样的问题。可以说,人们对软件产品认识的不足以及对软件开发的内在规律的理解偏差是软件危机出现的根本原因。为了化解软件危机,人们逐渐认识到软件的特性以及软件产品开发的内在规律,并尝试用工程化的思想去指导软件开发,于是软件工程诞生了。

1968年,在北大西洋公约组织举行的一次学术会议上,该组织的科学委员们在开会讨论软件的可靠性与软件危机的问题时,首次提出了"软件工程"的概念,并将其定义为"为了经济地获得可靠的和能在实际机器上高效运行的软件,而建立和使用的健全的工程原则。"这个定义肯定了在软件工程中工程化思想的重要性,但是并没有提到软件产品的特殊性。

经过几十年的发展，软件工程已经成为一门独立的学科，人们对软件工程也逐渐有了更全面、更科学的认识。在现代，软件工程是指应用计算机科学技术、数学和管理学的原理，运用工程学的理论、方法和技术，研究和指导软件开发和演化的一门交叉学科。它强调按照软件产品的特殊性质，采用工程化的思想来指导软件开发，在高效的软件生产和科学的项目管理的基础上得到高质量的软件产品。

相对于其他学科而言，软件工程是一门比较年轻的学科，它的思想体系和理论基础还有待进一步修整和完善。软件工程学包括的内容有软件工程原理、软件工程过程、软件工程方法、软件工程模型、软件工程管理、软件工程度量、软件工程环境和软件工程应用等。

1.1.2　软件工程的目标和原则

一般来说，软件工程的目标主要包括以下几点：
- 使软件开发的成本能够控制在预计的合理范围内。
- 使软件产品的各项功能和性能能够满足用户需求。
- 提高软件产品的质量。
- 提高软件产品的可靠性。
- 使生产出来的软件产品易于移植、维护、升级和使用。
- 使软件产品的开发周期能够控制在预计的合理时间范围内。

为了达到上述目标，软件工程设计、工程支持以及工程管理在软件开发过程中必须遵循一些基本原则。著名软件工程专家 B. W. Boehm 综合有关意见并总结了多年来软件开发的经验，提出了软件工程的 7 条基本原则。
- 用分阶段的生命周期计划进行严格的管理。
- 坚持进行阶段评审。
- 实行严格的产品控制。
- 采用现代程序设计技术。
- 软件工程结果应能清楚地审查。
- 开发小组的人员应该少而精。
- 承认不断改进软件工程实践性的必要性。

1.2　面向对象方法

一切事物皆对象。通过面向对象的方式，将现实世界的事物抽象成对象，现实世界中的关系抽象成类、继承，帮助人们实现对现实世界的抽象与数字建模。面向对象的概念极大地丰富了软件开发方法，也是 UML 出现的背景和基础。本节将主要介绍面向对象的相关内容。

1.2.1　面向对象方法简介

如今，面向对象方法（Object-Oriented Method，OOM）已深入计算机软件领域的几乎所有分支。它不仅是一些具体的软件开发技术与策略，而且是一整套关于如何看待软件系统与现实世界的关系,用什么观点来研究问题并进行问题求解,以及如何进行软件系统构造的软件方法学。

面向对象方法解决问题的思路就是主张从客观世界固有的事物出发来构造系统,提倡用人类在现实生活中常用的思维方法来认识、理解和描述客观事物,强调最终建立的系统能够映射问题域,也就是说,系统中的对象以及对象之间的关系能够如实地反映问题域中固有事物及其关系。一般来说,面向对象方法是一种运用一系列面向对象的指导软件构造的概念和原则(如类、对象、抽象、封装、继承、多态、消息等)来构造软件系统的开发方法。从本质上讲,面向对象方法是对这些概念和原则的应用。

面向对象的思想已经被软件开发过程的各个阶段所应用,如面向对象分析(Object Oriented Analysis,OOA),面向对象设计(Object Oriented Design,OOD)以及面向对象编程实现(Object Oriented Programming,OOP)。

1.2.2　面向对象方法的历史

人们普遍认为,第一门面向对象的编程语言是 1967 年诞生的 Simula-67,它由挪威奥斯陆国家计算中心的 Kristen Nygaard 与 Ole-Johan Dahl 设计开发。尽管这种语言没有后继版本,却首先引入了类、对象、继承等概念,对后来的许多面向对象语言的设计者产生了很大的影响。

使面向对象技术进入实用领域的标志是 20 世纪 70 年代诞生的 Smalltalk,它是由美国施乐帕洛阿尔托研究中心(Xerox Palo Alto Research Center,PARC)的 Alan Kay 设计实现的。最初的版本 Smalltalk-72 在 1972 年被发布,其中正式使用了"面向对象"这个术语。PARC 先后发布了 Smalltalk-72、76 和 78 等版本,直至 1981 年推出该语言完善的版本 Smalltalk-80。Smalltalk-80 的问世被认为是面向对象语言发展史上最重要的里程碑。Smalltalk-80 提供了比较完整的面向对象技术解决方案,诸如类、对象、封装、抽象、继承、多态等。它是第一个完善的、能够实际应用的面向对象语言。

从 20 世纪 80 年代中期到 90 年代,是面向对象的程序设计语言走向繁荣的阶段。大批比较实用的面向对象编程语言不断涌现,例如 Objective C、C++、Eiffel 和 CLOS 等语言。其中诞生于 1983 年的 C++ 语言对面向对象技术的发展起到了重要作用。面向对象技术能够发展到今天,正是因为 C++ 语言的广泛应用,它使得面向对象技术真正从实验室阶段走到了商业化阶段,当今的 Java、C♯ 等面向对象的编程语言都有 C++ 的影子。

在 20 世纪 80 年代末和 90 年代初,随着软件工程技术的日益成熟,面向对象的软件工程也得到了迅速发展,面向对象方法从编程发展到设计、分析,进而发展到整个软件生命周期。在此期间,大量关于面向对象方法的著作问世,并各有自己的一套概念、定义、表示法、术语和适用的开发过程。于是在它们中间出现了许多差异,这给普通用户的使用带来了很大的困扰。一些人尝试将各种方法中使用的各种概念进行统一,最终由 Grady Booch、James Rumbaugh 和 Ivar Jacobson 创建的统一建模语言(UML)在 1997 年 11 月被对象管理组织(Object Management Group,OMG)全体成员一致通过,并被采纳为标准。UML 的产生标志着面向对象方法学的统一,从而为面向对象方法的应用扫清了最后一个障碍。

1.2.3　面向对象方法的概念

面向对象方法以类和对象作为核心，并存在着很多与之相关的原则。这些面向对象的基本概念决定了面向对象方法的本质特征。使用这些概念并遵循相关原则，才是一个真正符合面向对象思想的解决方案。下面依次对这些概念进行介绍。

1. 对象

对象（object）有着广泛的含义，难以被精确地定义。一般来说，世界上万事万物都可以看作是一个对象。这些现实中的实体也被称作客观对象。客观对象可以抽象其某些属性和方法来研究在某个问题或场景中的性质，这被称为问题对象。抽象出来的问题对象通过封装等过程称为计算机中的一个包含有数据和操作的集合体，这被称为计算机对象。三种对象之间的关系如图 1-1 所示。

图 1-1　三种对象之间的关系

一个对象应该是一个具有状态、行为和标识符的实体，并且对象之间往往可以通过通信互相交互。一般说来，对象可以被归纳为下列四个特性。

- 自治性：即对象有一定的独立处理问题的能力，且对象自身的状态变化是不直接受到外界干预的。
- 封闭性：对象是相对封闭的。外部对象只能通过发送消息来对其施加影响，却无法直接对对象进行修改。对象隐藏了属性与操作的实现方法，只有操作声明对外部可见。
- 通信性：对象具有能与其他对象进行通信的能力。具体来说，就是对象能向其他对象发送消息，也能接收其他对象发送来的消息。对象通过通信来建立联系，并协作完成系统的某项任务。
- 被动性：虽然对象自身状态变化不受外界的直接影响，但是对象的存在和状态转换都是由外界驱动的。即只有在对象接收到外界消息后，自身才可以进行某种转换。

2. 类

对象是存在于某个时空的具体实体，而类（class）则是拥有共同的结构、行为和语义的一组对象的抽象。例如，我们可以定义一个"哺乳动物"类，则所有满足全身披毛、恒温胎生、体内有膈的脊椎动物对象都属于该类。类可以作为对象的一种描述机制，用来刻画一组对象的公共属性与公共行为，也可以用来作为程序的一个单位，用来形成程序中更大的模块。

与对象相似，类也应该具有数据、操作及标识符，并且类之间通过接口使一些操作对外可见。一般来说，类可以从以下四个角度来理解：

- 类是面向对象程序中的构造单位。一个面向对象程序就是一组相关的类。
- 类是面向对象程序设计语言的基本成分。在面向对象编程语言中，类内的成分是无法单独构成程序的，程序应该至少包含一个完整的类。

- 类是抽象数据类型的具体表现。类可以表示一种数据类型的抽象并给出了具体的数据结构表示与操作的实现方法。
- 类刻画了一组相似对象的共同特性。在面向对象程序的运行时,对象是根据类的定义而创建的,同类的对象具有相同的属性与操作。对象又被称为类的实例。

3. 抽象

抽象(abstraction)就是揭示一个事物区别于其他事物的本质特征,去除从某一个角度看来不重要的细节的行为。抽象是一个分析与理解问题的过程,它取决于使用者的目的,它应该包括使用者所需要的那些问题,而忽略掉其他不相关的部分。因此抽象过程并没有唯一的答案,同一个实体在不同的场景中可能有不同的抽象。从对象到类的过程就是抽象的过程,即将所见到的具体实体抽象成概念,从而可以在计算机中进行描述并对其采取各种操作。

在面向对象的方法中,抽象具有静态与动态的属性。例如,一个文件对象有文件名与文件内容,这些是静态的属性。而同时,在对象的生命周期中,这些属性的值是动态的——文件名与内容都可能被改变,这些就被抽象为对象的操作。

4. 封装

封装(encapsulation),即对其客户隐藏对象的属性和实现细节,仅对外公开接口,并控制在程序中属性的读和修改的访问级别。封装是软件模块化思想的体现,其目的是增强安全性和简化编程,使用者不必了解具体的实现细节,而只要通过外部接口,以特定的访问权限来使用类的成员即可。简单来说,封装强调两个概念,即独立和封闭。

- 独立是指对象是一个不可分割的整体,它集成了事物全部的属性和操作,并且它的存在不依赖于外部事物。
- 封闭是指与外部的事物通信时,对象要尽量地隐藏其内部的实现细节,它的内部信息对外界来说是隐藏的,外界不能直接访问对象的内部信息,而只能通过有限的接口与对象发生联系。

可以说,类是数据封装的工具,而对象是封装的实现。类的成员又分为公有成员、私有成员和保护成员,它们分别有不同的访问控制机制。封装是软件模块化思想的重要体现。

5. 泛化

泛化(generalization)是类元的一般描述和具体描述之间的关系,具体描述建立在一般描述的基础之上,并对其进行了扩展。具体描述完全拥有一般描述的特性、成员和关系,并且包含补充的信息。例如,中学生是学生中具体的一种,中学生保持了学生的基本特性并加入了附加特性,二者就构成了泛化关系。实现泛化关系的机制为继承(inheritance)。一个子类(subclass)继承一个或多个父类(superclass),从而实现了不同的抽象层次,实现两者之间的泛化关系。通过这种关系,子类可以共享其父类的结构和行为,从而容易复用已经存在的数据和代码,并实现多态处理。

6. 多态

多态(polymorphism)是在同一接口下表现多种行为的能力，是面向对象技术的根本特征。具体来说，多态允许属于不同类的对象对同一消息做出不同的响应。当一个对象接收到进行某项操作的消息时，多态机制将根据对象所属的类，动态地选用该类中定义的操作。面向对象方法正是利用多态提供的动态行为特征来封装变化，适应变更，以达到系统的稳定。首先需要有泛化关系的支持，然后才能表现多态。例如，先定义一个父类"几何图形"，它具有"计算面积"的操作，然后再定义一些子类，如"三角形""长方形"和"圆形"，它们可继承父类"几何图形"的各种属性和操作，并且在各自的定义中要重新描述"计算面积"的操作。这样，当有计算几何图形面积的消息发出时，对象会根据类的类型做出不同的响应，采用不同的面积计算公式。

1.2.4 面向对象方法的优点

面向对象方法是在传统的结构化设计方法出现很多问题的情况下应运而生的。它之所以能够被广泛认可和应用，是因为其自身的优势，这些优势体现在很多方面。

传统的结构化设计方法侧重于计算机处理事情的方法和能力，面向对象方法则从客观世界存在的事物进行抽象，更符合人类的思维习惯。这一特点能够让软件开发设计人员更有效地实现业务和系统之间的理解和转换，从而更快速有效地解决用户问题。

在软件开发过程中，需求的不稳定性是影响软件工程的一个非常重要的因素。在现实使用时，数据和功能最容易发生改变，而对象一般则是相对稳定的。为此，使用面向对象方法可以用较稳定的对象将易变的功能和数据进行封装，从而保证较小的需求变化不会导致系统结构大的改变。

复用性也是面向对象方法带来的优势之一。面向对象方法通过封装、继承、聚合等手段，在不同层次上提供各种代码复用，以此提高软件的开发效率。

除此之外，面向对象方法还有改善软件结构、增强扩展性、支持迭代式开发等优势。这些优势使得面向对象方法得到了更广泛的应用。

小结

本章简要介绍了软件工程的概念以及面向对象的概念。软件危机的出现促进了软件工程的兴起，同时结构化方法的不足也促进了面向对象思想的诞生。如今，面向对象的思想已经进入计算机软件领域的许多方面，占有重要的位置。同时，面向对象的兴起也促进了UML的诞生和发展。

习题 1

1. 选择题

(1) 软件工程的概念是在(　　)年被首次提出的。

    A. 1949   B. 1968   C. 1972   D. 1989

（2）下列不属于软件工程的目标的一项是（　　）。

    A. 提高软件产品的质量   B. 提高软件产品的可靠性

    C. 减少软件产品的需求   D. 控制软件产品的开发成本

（3）软件危机产生的主要原因是（　　）。

    A. 软件工具落后   B. 软件生产能力不足

    C. 对软件认识不够   D. 软件本身的特点及开发方法

（4）人们公认的第一门面向对象编程语言是（　　）。

    A. Simula   B. Smalltalk   C. C++   D. Java

（5）下列编程语言中不支持面向对象的特性的是（　　）。

    A. C++   B. ANSI C   C. Java   D. Objective C

（6）下列选项中不是面向对象方法的相关原则的是（　　）。

    A. 封装   B. 继承   C. 多态   D. 结构

（7）（　　）是面向对象方法中用来描述"对客户隐藏对象的属性和实现细节"的概念。

    A. 封装   B. 继承   C. 多态   D. 抽象

（8）下列选项中不属于面向对象方法的优势之一的是（　　）。

    A. 复用性强   B. 改善了软件结构

    C. 软件的执行效率更高   D. 抽象更符合人类的思维习惯

2. 判断题

（1）软件就是程序，编写软件就是编写程序。　　（　　）

（2）软件危机的主要表现是软件需求增加，软件价格上升。　　（　　）

（3）C语言对面向对象的发展起到了重要作用。　　（　　）

（4）面向对象方法中的对象是从客观世界中抽象出来的一个集合体。　　（　　）

（5）面向对象可以保证开发过程中的需求变化完全不会导致系统结构的变化。（　　）

（6）面向对象方法就是使用面向对象的程序设计语言进行编程。　　（　　）

（7）对象的自治性指的是对象是完全封闭的，不受任何外界影响。　　（　　）

（8）类是面向对象程序中的构造单位，也是面向对象程序设计语言的基本成分。（　　）

3. 简答题

（1）简述软件危机产生的原因和可能的解决方案。

（2）软件工程的目标有哪些？

（3）什么是面向对象方法？简述其优势。

（4）简述对象、类、抽象、封装、泛化与多态的概念。

第2章

UML

随着面向对象方法的出现和种类的不断增多,使用何种开发方法往往成为软件设计人员的一大问题,这也妨碍了不同项目开发组之间的交流。因此,一种标准统一的、综合了各种开发方法长处的建模语言 UML 应运而生。本章主要讲解软件建模的相关概念,并对 UML 进行简要概述。通过对本章的阅读,读者可以对软件建模和 UML 有一个总体的认识。

2.1 UML 简介

统一建模语言(Unified Modeling Language,UML)是一种通用的可视化建模语言,可以用来描述、可视化、构造和文档化软件密集型系统的各种工件。它由信息系统和面向对象领域的三位著名的方法学家 Grady Booch、James Rumbaugh 和 Ivar Jacobson 提出。它记录了与被构建系统有关的决策和理解,可用于对系统的理解、设计、浏览、配置、维护以及控制系统的信息。这种建模语言已经得到了广泛的支持和应用,并且已被 ISO 组织发布为国际标准。

UML 用来捕获系统静态结构和动态行为的信息。其中静态结构定义了系统中对象的属性和方法,以及这些对象间的关系。动态行为则定义了对象在不同时间、状态下的变化以及对象间的相互通信。此外,UML 可以将模型组织为包的结构组件,使大型系统可被分解成易于处理的单元。

UML 是独立于过程的,它适用于各种软件开发方法、软件生命周期的各个阶段、各种应用领域以及各种开发工具。UML 规范没有定义一种标准的开发过程,但它更适用于迭代式的开发过程。它是为支持现今大部分面向对象的开发过程而设计的。

UML 不是一种程序设计语言,但用 UML 描述的模型可以和各种编程语言相联系。可以使用代码生成器将 UML 模型转换为多种程序设计语言代码,或者使用逆向工程将程序代码转换成 UML。把正向代码生成和逆向工程这两种方式结合起来就可以产生双向工程,使得既可以在图形视图下工作,也可以在文本视图下工作。

UML 是一种博大多变的建模语言,有着一定的复杂性。UML 的三位创始人对其做了如下几点评价:

- UML 是凌乱的、不精确的、复杂的和松散的。这种看法既是错误的,也是现实的。任何适合广泛应用的语言一定都是凌乱的。
- 你不必知道或使用 UML 的每一项特征,就像你不需要知道或使用一个大型软件或编程语言的每一个特征一样。被广泛使用的核心概念只有一小部分,其他的特征可以逐步学习,在需要时再使用。

- UML 能够并且已经在实际的开发项目中使用。
- UML 不只是一种可视化的表示方法。UML 模型可以用来生成代码和测试用例。这要求适当的 UML 特性描述、使用和目标平台匹配的工具以及在多种实现方式中做出选择。
- 没有必要对 UML 专家的建议言听计从。正确使用 UML 的方法有很多种。优秀的开发人员会从很多工具中选出一种使用,但是却不必使用这一种方式去解决所有问题。如果能够得到他人或者软件工具的配合,你也可以适时改变以满足自己的需要。

2.2 UML 的历史

UML 由软件行业的资深专家创造,并不断吸取众多软件工程思想的精华,从而能够一直走在软件工程的前沿。本节将主要介绍 UML 的发展历程,以及最新的 UML 2 规范。

2.2.1 UML 出现的历史背景

随着 20 世纪 80 年代后面向对象语言的广泛使用,首批介绍面向对象开发方法的著作出现了。Sally Shlaer、Peter Coad、Grady Booch、James Rumbaugh 等的著作,再加上关于早期程序设计语言的著作,开创了面向对象方法学的先河。随后,在 1989—1994 年,大批关于面向对象方法的著作问世,面向对象的方法从不足 10 种增加到 50 种以上,它们各有自己的一套概念、定义、表示法、术语和各自适用的开发过程。各种方法间相互借鉴,进行修改、扩充,使得面向对象领域出现了一些被广泛使用的核心概念和一大批个别人采纳的概念。然而即使在广泛接受的核心概念里,各个面向对象方法之间也存在着一些差异。这些方法之间的不同往往会使得普通读者和用户在使用时感到困惑,不知道该采用谁的方法。在这场"方法大战"中,一些优点突出的方法脱颖而出,包括 Booch 方法、Ivar Jacobson 的 OOSE 和 James Rumbaugh 的 OMT 等。这些方法中的每种方法都是完整的,但是各有优劣。简单来说,Booch 方法在项目的设计和构造阶段的表达力极强,OOSE 对以用例驱动需求获取、分析和高层设计的开发过程提供了极好的支持,而 OMT 对分析和数据密集型信息系统最为有用。

在这种情况下,出现了一些将各种方法中使用的概念进行统一的初期尝试,比较有名的是 Derek Coleman 等开发的 Fusion 方法。这种方法结合了 OMT、Booch、CRC 三种方法中使用的概念。但由于这些方法的原作者没有参与这项工作,所以这种方法应该被视为一种新方法而不是原有方法的替代。第一次成功合并和替换现存的各种方法的尝试始于 1994 年 James Rumbaugh 和 Grady Booch 在 Rational 公司的合作,他们开始合并 OMT 和 Booch 方法中使用的概念,并于 1995 年 10 月提出了第一个解决方案,当时被称为 UM 0.8(Unitied Method)。几乎同时间,Ivar Jacobson 也加入 Rational 公司,力图将 OOSE 方法也统一进来。三位优秀的面向对象方法学的创始人共同合作,为他们的工作注入了强大的动力。

2.2.2　UML 的诞生与标准化

1996 年 6 月，Booch、Rumbaugh 和 Jacobson 将 UM 更名为 UML 并发布 UML 0.9。同年 10 月，UML 0.91 被发布。在当时，UML 就获得了工业界、科技界和用户的广泛支持。1996 年底，UML 已经占领了面向对象技术市场 85% 的份额，成为事实上的可视化建模语言的工业标准。

1996 年全年，UML 的三位创始人在软件工程界征求和收集反馈意见，并且倡议成立了一个 UML 伙伴组织（UML Partners），当时的成员有 DEC、HP、I-Logix、Intellicorp、IBM、ICON Computing、MCI Systemhouse、Microsoft、Oracle、Rational、TI 和 Unisys。同年，OMG 组织发布了对外征集面向对象建模的标准方法的提案需求。1997 年 1 月，作为对该提案的响应，UML 1.0 规范草案诞生并且提交给 OMG。同时，UML Partners 成立了一个语义任务组，来完成语义的规范并与其他的标准化工作合并。同年 7 月，UML 1.1 作为最终成果发布并被提交给 OMG 进行标准化审查。

1997 年 11 月，UML 1.1 规范被 OMG 全体成员通过，并被采纳为规范，OMG 也承担了进一步完善 UML 的工作。UML 的出现深受计算机界欢迎，许多软件开发工具供应商声称他们的产品支持或计划支持 UML，许多软件工程方法学家宣布他们将使用 UML 的表示法进行以后的研究工作。UML 已经代替了大部分先前出现在开发过程、建模工具和技术文献中的表示法，它的出现减少了各种软件开发工具之间无谓的分歧。

在 1997—2002 年，OMG 成立的 UML 修订任务组对 UML 进行修订，陆续开发了 UML 的 1.3、1.4 和 1.5 版本。2005 年，UML 1.4.2 被国际标准化组织（International Organization for Standardization，ISO）正式发布为国际标准。

2.2.3　UML 2 的诞生

在有了若干年使用 UML 的经验后，OMG 提出了升级 UML 的建议方案，以修正使用中发现的问题，并扩充一部分应用领域中所需的额外功能。升级方案自 2000 年 11 月起开始起草，至 2003 年 7 月完成。OMG 的定案任务组对这个版本进行了为期一年的评审，之后不久 UML 2.0 规范就被全体 OMG 成员采纳。采纳后的规范经过正式的 OMG 定稿过程修正了初始实现中的错误和问题后，于 2005 年 7 月得到最终的 UML 2.0 规范。在 2007—2011 年，UML 陆续发布了几个版本的规范。其中，2011 年 8 月发布的 UML 2.4.1 在 2012 年被 ISO 正式定为国际标准。2017 年 12 月，OMG 组织发布 UML 2.5.1 版本。

注意：本书中的 UML 1 或 UML 1.x 表示 UML 规范 1.1 至 1.5 的所有版本，UML 2 指的是 UML 2.0 规范及更高的版本。

总的来说，UML 2 与 UML 1 大部分是相同的，尤其是常用的核心特征。UML 2 更改了一些问题区间，增加了一些大的改进，修正了许多小的错误，但是 UML 1 的使用者在使用 UML 2 时应该不会有什么问题。UML 2 中一些重要改变有：

- 大部分类元都可以嵌套。在 UML 中，几乎每一个模型的构造块（类、对象、组件、状态机等）都是一个类元。这种能力可以让使用者逐步建模实现复杂的行为。
- 行为建模进行了改进。在 UML 1.x 中，不同行为模型之间是互相独立的，然而在

UML 2 中,除用例以外,所有行为模型都由一个基本行为的定义派生而来。
- 改善了结构模型和行为模型之间的关系。例如,UML 2 允许用户指定一个状态机或顺序图属于某一个类或某一组件的行为。

2.3　UML 的目标与应用范围

"工欲善其事,必先利其器。"了解 UML 的作用及其产生的目的,才能最大限度地运用这一工具。本节将介绍 UML 的设计目标与 UML 的应用范围。

2.3.1　UML 的目标

UML 成功的关键就在于它能满足软件开发者的各种需要。为了使制定出的标准更加实际并且耐用,能够真正成为解决软件研发团体实际问题的标准,UML 的创造者们谨慎地确定它的特征边界。因此 OMG 为 UML 确定了以下一组目标:
- 为建模者提供可用的、富有表达力的、可视化的建模语言,以开发和交换有意义的模型。UML 作为实用的建模标准,要使建模者可以针对不同开发环境、编程语言和其他环境,都能够应用 UML 进行建模工作。为了实现这一目标,UML 规范必须定义其作为建模语言的语义和可视化的表示法。语义保证了模型和模型元素应用的一致性,可视化的表示法则有利于建模技巧的使用。此外,规范应该是全面的,它必须包含对大部分软件项目普遍有效的核心模型元素。
- 提供可扩展性和特殊化机制以延伸核心概念。按照普遍认可的二八定律,20％的核心概念可以对 80％的系统建模。如果核心概念不够用,UML 就需要从核心概念中扩展出所需要的内容。UML 提供了至少三种方法让用户创建新的模型元素:将 UML 核心定义的基础概念结合起来;UML 核心为一个概念提供多重定义;限定在某概念的某几个定义上时,UML 允许对概念进行定制。UML 定义的完整扩展方案被称为特征文件,它预定义了一个独有或通用的模型元素集合,以这种方式实现了对模型元素的裁剪。特征文件能更精确地描述其目标环境,同时不会失去UML 概念的语义清晰性。
- 支持独立于编程语言和开发过程的规范。建模的一个重要目的就是使具体的设计细节与需求分离,所以将 UML 附属于某一种或几种编程语言都将极大地限制UML 的使用。然而,UML 必须与大多数面向对象编程语言中的设计结构保持一致,这可以保证能够实现现代码和模型的互相转换。这个目标可以通过特征文件来实现,无须对 UML 进行改变。特征文件建立了一个独立的映射层来定义模型元素与执行结构之间的对应关系,以此保证 UML 与编程语言的独立性。
- 为理解建模语言提供正式的基础。建模语言必须既精确又实用,才能使模型能够正确地完成建模工作并且对使用者足够友好。UML 规范使用类图描绘模型元素对象及它们之间的关系,并且对语义和符号选项用文本给出了详细说明。对于模型元素之间的完整性约束条件,使用对象约束语言(Object Constraint Language,OCL)进行描述。
- 推动面向对象建模工具市场的成长。建模工具市场依赖于建模、模型仓库、模型互换的统一标准。UML 作为一个面向对象建模的统一规范和标准，可以减小建模工具开发商在这些方面的开发成本，使他们可以致力于改善建模环境。目前，UML 的作用已经显现，建模工具迅速增加，其中的功能也呈现爆炸式的增长，例如，改善与编码环境的集成效果、代码生成与反向生成、导出 HTML 或 XML 报告、从其他工具导入等。

- 支持更高级的开发概念。UML 标准需要支持建模的一些高级概念，如框架、模式、协作等。这样可以保证 UML 与时俱进，而不会成为一堆落后于时代的废品。

2.3.2　UML 的应用范围

UML 以面向对象的方式来描述系统。最广泛的应用是对软件系统进行建模，但它同样适用于许多非软件系统领域的系统。从理论上说，任何具有静态结构和动态行为的系统都可以使用 UML 进行建模。当 UML 应用于大多数软件系统的开发过程时，它从需求分析阶段到系统完成后的测试阶段都能起到重要作用。

在需求分析阶段，可以通过用例捕获需求。通过建立用例图等模型来描述系统的使用者对系统的功能要求。在分析和设计阶段，UML 通过类和对象等主要概念及其关系建立静态模型，对类、用例等概念之间的协作进行动态建模，为开发工作提供详尽的规格说明。在开发阶段，将设计的模型转化为编程语言的实际代码，指导并减轻编码工作。在测试阶段，可以用 UML 图作为测试依据：用类图指导单元测试，用组件图和协作图指导集成测试，用用例图指导系统测试等。

小结

本章主要介绍了软件建模的概念并简要介绍了统一建模语言——UML 的发展历史以及 UML 的目标和应用范围。UML 是 20 世纪 80 年代到 90 年代的"面向对象方法大战"的产物，它的出现及标准化为面向对象建模提供了一套完整而统一的方案。

习题 2

1. 选择题

(1) 下列关于模型的表述，不正确的一项是（　　）。
  A. 建模语言只能是图形表示的
  B. 模型所描绘的系统蓝图既可以包括详细的计划，也可以包括系统的总体计划
  C. 模型可以帮助开发组生成有用的工作产品
  D. 最好的模型总是与现实世界联系密切

(2) UML 的全称是（　　）。
  A. Unify Modeling Language   B. Unified Modeling Language
  C. Unified Modem Language   D. Unified Making Language

（3）UML 主要应用于（　　）。

    A. 基于螺旋模型的结构化开发方法

    B. 基于需求动态定义的原型化方法

    C. 基于数据的数据流开发方法

    D. 基于对象的面向对象的方法

（4）下列面向对象方法中不是 UML 所融合的方法的一项是（　　）。

    A. Booch   B. OOSE

    C. OMT   D. Coad/Yourdon

（5）著名的 OMT 方法是由（　　）提出的。

    A. Booch   B. Rumbaugh   C. Coad   D. Jacobson

（6）在 UML 所融合的方法中，（　　）方法是以用例来驱动需求获取的。

    A. Booch   B. OOSE

    C. OMT   D. Coad/Yourdon

（7）正式的 UML 2.0 规范是在（　　）年通过的。

    A. 2001   B. 2003   C. 2005   D. 2007

（8）下列表述中不属于 UML 的目标的是（　　）。

    A. 为建模者提供可用的、富有表达力的、可视化的建模语言

    B. 支持独立于编程语言和开发过程的规范

    C. 成为一门独立的编程语言

    D. 推动面向对象建模工具市场的成长

2. 判断题

（1）UML 是一种建模语言，是一种标准的表示，是一种方法。（　　）

（2）UML 支持面向对象的主要概念，并与具体的开发过程相关。（　　）

（3）在 UML 这个名称出现之前，James Rumbaugh 和 Grady Booch 的合并 OMT 和 Booch 工作成果被称为 UM 0.8。（　　）

（4）1997 年 11 月，UML 1.1 规范被 OMG 全体成员通过，正式被采纳为规范。（　　）

（5）UML 既是一门建模语言，也可以作为一门编程语言。（　　）

（6）在 UML 出现之前，众多不同的面向对象的方法同时存在，给用户带来了一定困扰。（　　）

（7）UML 2.0 的出现彻底推翻了 UML 1.x 中的核心概念，发展成了一门与之前截然不同的建模语言。（　　）

（8）UML 提供了一些方法可以让用户创建出新的模型元素。（　　）

3. 简答题

（1）什么是模型？为什么为软件系统建模非常重要？

（2）简述建模的几点基本原理。

（3）了解 UML 的历史，并谈谈统一建模语言出现的意义。

（4）简述 UML 的应用范围。

第3章

初识UML

想要理解和使用 UML,需要掌握 UML 的概念模型。UML 的概念模型主要包括基本构造块、运用于构造块的通用机制和用于组织 UML 视图的架构。UML 的概念模型支撑起了 UML 语法的整体架构和分析思想,对于普通建模用户而言,从 UML 概念模型入手能够快速掌握 UML 建模的基本思想,从而能够读懂并建立一些基本模型;在有了丰富的使用 UML 的经验后,就可以在这些概念模型之上理解 UML 的结构,从而使用更深层次的语言特征开展建模工作。

3.1 UML 构造块

构造块(building block)指的是 UML 的基本建模元素,是 UML 中用于表达的语言元素,是来自现实世界中的概念的抽象描述方法。构造块包括事物(thing)、关系(relationship)和图(diagram)三个方面的内容。事物是对模型中关键元素的抽象体现;关系是事物和事物间联系的方式;图是相关的事物及其关系的聚合表现。

3.1.1 事物

在 UML 中,事物是构成模型图的主要构造块,它们代表了一些面向对象的基本概念。事物被分为以下四种类型。

1. 结构事物

结构事物(structural thing)通常作为 UML 模型的静态部分,用于描述概念元素或物理元素。结构事物总称为类元(classifier)。常见的结构事物有类、接口、用例、协作、组件、节点等。

(1) 类(class)是对具有相同属性、相同操作、相同关系和相同语义的一组对象的描述。在 UML 图中使用矩形表示类,核心内容包括类名、属性、方法(操作)。在 UML 中的类的图示如图 3-1 所示。

(2) 接口(interface)是一组操作的集合,这些操作包括类或组件的动作,描述了元素的外部可见行为。接口仅仅定义操作的数量和特征,但不提供具体的实现方法。接口可以被类所继承,继承了某接口的类必须提供该接口所有操作的实现。接口一般不需要属性。在 UML 中接口的声明也使用矩形描述,在接口名上方使用构造型<< interface >>与类做区分,如图 3-2 所示。内容包括接口名称和操作(一般没有属性)。

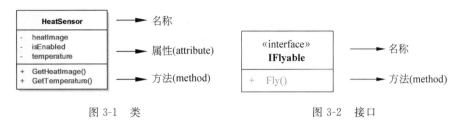

图 3-1 类　　　　　　　　　　　图 3-2 接口

(3) 协作(collaboration)定义了一个交互,它是在为实现某个目标而共同工作、相互配合的多个元素之间的交互动作。协作具有结构、行为和维度,一个类或对象可以参与多个协作。在 UML 图中把协作画成虚线椭圆,仅包含名称,如图 3-3 所示。这种表示法允许从外部把一个协作视为一个整体,但我们通常不使用这种表示方式,而是对协作内部更感兴趣。因此,我们往往会放大一个协作,将其内部细节引导到一些图中——特别是类图(用来表示协作的结构部分)和交互图(用来表示协作的行为部分)。

(4) 用例(use case)描述了一组动作序列,这些动作序列将作为服务由特定的参与者触发或执行,在过程中产生有价值、可观察的结果,结果可反馈给参与者或作为其他用例的参数。在 UML 图中用例表示为实线椭圆,仅包含名称,如图 3-4 所示。

(5) 组件(component)是系统中封装好的模块化部件,仅将外部接口暴露出来,内部实现被隐藏。组件可以由部件和部件之间的连接表示,其中部件也可以包含更小的组件。接口相同的部件可以互相替换。在 UML 图中将组件表示成矩形框,左边框上附着两个小矩形,框内写组件名,如图 3-5 所示。

(6) 节点(node)是在软件部署时需要的物理元素,其本质为一种计算机资源。一组组件可以存在于一个节点内,也可以从一个节点迁移到另一个节点。在 UML 图中节点用一个立方体表示,仅包含名称,如图 3-6 所示。

图 3-3 协作　　　图 3-4 用例　　　图 3-5 组件　　　图 3-6 节点

2. 行为事物

行为事物(behavioral thing)也称为动作事物,是 UML 模型的动态部分,用于描述 UML 模型中的动态元素,主要为静态元素之间产生的时间和空间上的行为动作,类似于句子中动词的作用。常见的行为事物有交互、状态机、活动等。

(1) 交互(interaction)描述一种行为,它产生于协作完成一个任务的多个元素之间。交互包含消息、状态和连接。在 UML 图中消息表示为实箭头,源自消息发出者,指向接收者,箭头上方写消息名称。

(2) 状态机(state machine)定义了对象或行为在生命周期内的状态转移规则。状态机中包含状态、转移、条件（事件）以及活动。UML 图中的状态机表示为圆角矩形，包含状态名，如图 3-7 所示。

（3）活动（activity）描述了一个操作执行时的过程信息。一个活动包含在操作执行过程中每一个步骤（动作）之间的先后序列关系。UML 图中的活动也表示为圆角矩形，如图 3-8 所示，它和状态机图例的区分依靠语义。

图 3-7　状态机　　　　　　　　　　图 3-8　活动

3. 分组事物

分组事物（grouping thing）又称组织事物，是 UML 模型的组织部分，是用来组织系统设计的事物。主要的分组事物是包（如图 3-9 所示），另外，其他基于包的扩展事物（例如子系统、层等）也可作为分组事物。

4. 注释事物

注释事物（annotation thing）又称辅助事物，是 UML 模型的解释部分。这些注释事物用来描述、说明和标注模型的任何元素，简言之就是对 UML 中元素的注释。最主要的注释事物就是注解（note），是依附于一个元素或一组元素之上对其进行约束或解释的简单符号，内容为对元素的进一步解释文本。这些解释文本在 UML 图中可以附加到任何模型的任意位置上，用虚线连接到被解释的元素，如图 3-10 所示。当不需要显示注释时可以隐藏，也可以以链接形式放到外部文本中（如果注释很长）。几乎所有的 UML 图形元素都可以用注解来说明。

图 3-9　包　　　　　　　　　　　　图 3-10　注解

3.1.2　关系

关系是模型元素之间具体化的语义连接，负责联系 UML 的各类事物，构造出结构良好的 UML 模型。在 UML 中有四种主要的关系。

- 关联（association）：描述不同类元的实例之间的连接。它是一种结构化的关系，指一种对象和另一种对象之间存在联系,即"从一个对象可以访问另一个对象"。更详细地,我们说两个对象之间互相可以访问,那么这是一个双向关联,否则称为单向关联。关联中还有一种特殊情况,称作聚合关系,聚合表示两个类元的实例具有整体和部分的关系,表示整体的模型元素可能是多个表示部分的模型元素的聚合。例如,一个汽车与四个轮胎会构成关联关系,而这种关联关系同时又是聚合关系。

- 依赖(dependency):描述一对模型元素之间的内在联系(语义关系),若一个元素的某些特性随某一个独立元素的特性的改变而改变,则这个元素不是独立的,它依赖于上文所给的那个独立元素。例如,水管依赖热水器,对它们运送的水进行加热。
- 泛化(generalization):类似于面向对象方法中的继承关系,是特殊到一般的一种归纳和分类关系。泛化可以添加约束条件,说明该泛化关系的使用方法或扩充方法,称为受限泛化。
- 实现(realization):描述规格说明和其实现的元素之间的连接的一种关系。其中规格说明定义了行为的说明,真正的实现由后一个模型元素来完成。实现关系一般用于两种情况下:接口和实现接口的类和组件之间与用例和实现它们的协作之间。

这四种关系是UML模型中包含的最基本的关系,它们可以扩展和变形。例如关联可以扩展为聚合、组合两种特殊的关系,依赖则有导入、包含、扩展等多种关系。这些关系的具体内容会在后续章节中进行详细讲解。

3.1.3 图

当用户选择了模型所需的事物和关系之后,就需要将模型展示出来;这种展示就是通过UML的图来实现。图是一组模型元素的图形表示,是模型的展示效果。多数的UML图是由通过路径连接的图形构成的。信息主要通过拓扑结构表示,而不依赖于符号的大小或者位置(有一些例外,如顺序图)。

根据UML图的基本功能和作用,可以将其划分为两大类:结构图(structure diagrams)和行为图(behaviour diagrams)。结构图捕获事物与事物之间的静态关系,用来描述系统的静态结构模型;行为图则捕获事物的交互过程如何产生系统的行为,用来描述系统的动态行为模型。

在UML 1.4中,共包含用例图、类图、对象图、活动图、状态图、顺序图、协作图、组件图、部署图九种。另外,尽管UML 1.4使用包图说明规范的组织结构,但是没有对包图进行明确定义。UML 1.4中图的结构如图3-11所示。

在升级到UML 2规范后,随着软件工程技术的变迁,对图有不同的分类方法和解释方式。UML 2规范包含14种图:类图、对象图、组合结构图、组件图、部署图、包图、外廓图、用例图、活动图、状态机图、顺序图、通信图、时序图、交互概览图。UML 2中图的结构如图3-12所示。

UML 2中的大部分图与UML 1.4是大致相同的(可能在表示法上略有区别),另一部分的图是将UML 1中的某些图的功能进行了细分,还增加了几种新图。下面通过表3-1对比UML 1.4与UML 2中图的区别。

图 3-11　UML 1.4 中的图

图 3-12　UML 2 中的图

表 3-1　UML 1.4 与 UML 2 不同图的对比

UML 1.4	UML 2	对比说明
	包图	尽管 UML 1.4 使用包图说明规范的组织结构，但是没有对包图进行明确定义
状态图	状态机图	只是名称不同，技术上完全相同
活动图	活动图	UML 2 的活动图独立于状态机存在
	组合结构图	显示结构化类元或协作的内部结构，和普通类图之间没有严格界限
	交互图	UML 2 中的交互图是顺序图、通信图、交互概览图和时序图的统称，与活动图密切相关
协作图	通信图	UML 2 中多用更加精确的通信图来代替协作图的大部分功能；UML 2 中协作图作为一种组合结构图存在
	交互概览图	活动图的变体，合并了序列图片段和控制流构造
	时序图	UML 2 中新增的时序图是一种特殊的序列图形式，显式地表示了生命线上的状态变化和标度时间

3.2 UML 通用机制

UML 提供了四种通用机制,它们被一直地应用到模型中,描述了达到面向对象建模目的的 4 种策略,并在 UML 的不同语境下被反复运用,使得 UML 更简单并易于使用。这四种机制分别是:规格说明(specifications)、修饰(adornments)、通用划分(common divisions)和扩展机制(extensibility mechanisms)。

3.2.1 规格说明

UML 不仅仅是一个图形化的语言。恰恰相反,在每个图形符号后面都有一段描述用来说明构建模块的语法和语义。例如,在一个类的符号中暗示了一种规格说明:它提供类所有的属性、操作等信息的全面描述;虽然,有时为了表现得更直观,类图示可能只显示这些描述的一小部分。而且,从另外一个视角来看这个类,可能会有完全不同的部分,但仍然与类的基本规范保持一致。

UML 的规格说明用来对系统的细节进行描述,在增加模型的规格说明时可以确定系统的更多性质,细化对系统的描述。通过规格说明,我们可以利用 UML 构建出一个可增量的模型,即首先分析确定 UML 图形,然后不断对该元素添加规格说明来完善其语义。

3.2.2 修饰

UML 中大多数的元素都有一个唯一的和直接的图形符号,用来给元素的最重要的方面提供一个可视的表达方式。例如,类的图示是有意地设计为易描绘的图形,并且类符号也揭示出类的最重要的方面,即它的名称、属性和操作。

修饰是对规格说明的文字的或图形的表示。我们已经知道,类的规格说明可能包含其他细节,诸如它是不是抽象类,它的属性和操作的可见性,这些细节中的大多数都可以通过图示或文本修饰在类的基本矩形框符号中表达。例如,这里有一个类,我们可以通过不同的修饰来标示出它是一个抽象类,拥有两个公有性的操作,一个保护性的操作和一个私有性的操作。

在 UML 中的每个元素符号都以一个基本的符号开始,在其上添加一些具有独特性的修饰。

3.2.3 通用划分

在面向对象系统建模中,通常有几种划分方法,其中最常见的两种划分是类型-实例与接口-实现。

1. 类型-实例

类型-实例(type-instance)是通用描述与某个特定元素的对应。通用描述符称为类型,特定元素称为实例,一个类型可以有多个实例。在使用过程中可以类比面向对象语言中的类和对象的关系,事实上,类和对象就是一种典型的类型-实例划分。实例的表示方法为类型的描述符的名称下加下画线，后附冒号和类型。如Undergraduate ：Student。

2. 接口-实现

接口是一个系统或对象的行为规范，这种规范预先告知使用者或外部的其他对象这个系统或对象的某项能力及其提供的服务。通过接口，使用者可以启动该系统或对象的某个行为。实现是接口的具体行为，它负责执行接口的全部语义，是具体的服务兑现过程。例如，在借钱时我们打过一张欠条，那么这张欠条就是一种还钱的约定。但是欠条只代表一个"我会还钱"的约定，而不代表真正的还了钱。把钱真正交到借主手上才是将承诺兑现的过程。那么接口就相当于欠条，而还钱是欠条所对应的实现。

许多 UML 的构造块都有像接口-实现这样的二分法。例如，接口与实现它的类或组件、用例与实现它的协作、操作与实现它的方法等。

3.2.4 UML 扩展机制

为了扩充在某些细节方面的描述能力，UML 允许建模者在不改变整体语言风格的基础上定义一些通用性的扩展。UML 所提供的扩展很可能无法满足出现的所有要求，但是它以一种易于实现的简单方式容纳了建模者需要对 UML 所做的大部分剪裁。

UML 中 的 扩 展 机 制 包 括 构 造 型（stereotype）、标 记 值（tagged value）和 约 束（constraint）三种。在使用扩展机制的时候需要注意，有些扩展违反了 UML 的标准形式，使用它们也会造成逻辑上的互相影响。因此在使用扩展机制之前，建模者应当仔细权衡利弊，特别是当现有机制能够合理工作时，是否还需要应用扩展机制。

1. 构造型

构造型是将一个已有的元素模型进行修改或精化，创造出一种新的模型元素。构造型的信息内容和形式与已存在的基本模型元素相同，但拥有不同的含义与用法。

例如，业务建模领域的建模人员经常希望将业务对象和业务过程作为特殊的元素进行建模，它们在特定的环境中拥有不同于其他元素的用法。然而它们实际上可以被看作是特殊的类——同样拥有属性与操作，但是在使用上有着特殊的约束。

构造型在元素的特性描述中定义。每个构造型都从一个基本的模型元素派生而来。该构造型的所有元素都具有基本模型元素的特性。构造型的表示方法为一个双尖括号内附构造型名称，一般放在已有的基本模型元素符号上方。UML 中预定义了一些构造型供建模者使用，用户也可以根据自己的需要自行定义。例如，我们已经知道，接口实际上是
<< interface>>构造型的类元素，如图 3-13 所示。

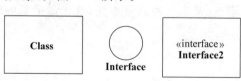

图 3-13　构造型

2. 标记值

标记值是关于模型元素本身的一个属性的定义,即一个元属性的定义。标记所定义的是用户模型中元素的特性而非运行时对象的特性。标记定义被构造型所拥有。

简单来说,当一个元素应用某种构造型时,该元素就获得了该构造型中所定义的所有标记。对每一个标记,建模者可以指定一个标记值。一般情况下,标记名、符号和值被写在注解中与模型元素连接在一起,如图 3-14 所示。

标记可以用来存储元素的任意信息,它是一个名称-值组合,表现为形如"property＝value"的字符串形式。在定义构造型时,建模者定

图 3-14 标记值

义标记名来表示想要记录的一些特性;在将构造型应用给元素时,建模者需要给标记名指定标记值来存储这个元素的特性信息。例如,标记名可以是 author,表示这个标记用来存储此元素的作者姓名,而标记值则根据实际情况来填写,如 James Rumbaugh。标记值对于存储项目管理信息尤其有用,它可以用来记录开发者的信息、代码信息、日志、代码模板、代码生成说明等。

此外,标记值还提供了一种将与实现相关的附加信息与元素联系起来的方式。例如,代码生成器需要有关代码种类的附加信息以从模型中生成代码,我们可以利用标记来告诉代码生成器使用哪种实现方式。标记也可以为其他类型的插件工具所使用,如项目计划生成器和报表书写器。

3. 约束

约束是使用某种文本语言中的陈述句表达的语义条件或者限制。通常约束可以附加在任何一个或一组模型元素上,它表达了附加在元素上的额外语义信息。

每个约束包括一个约束体与一种解释语言。这里的解释语言可以是自然语言,也可以是形式化语言。如果是自然语言,则约束本身是不能自动强制遵守的。UML 提供了约束语言 OCL,但也可以使用其他形式语言。

某些常用的约束有名称,可以避免每次使用时都写出完整的复杂语句。例如,xor 就是异或约束的名称,其具体语义将在本书第 6 章讲解。

约束使用大括号（｛｝）中的文本串表示,可以应用于大部分 UML 元素。图 3-15 就表示了一个类的约束。

Processor
+ Process()
constraints {Synchronize when called}

图 3-15 约束

3.3 "4＋1"架构

RUP"4＋1"架构方法采用用例驱动,在软件生命周期的各个阶段对软件进行建模,从不同视角对系统进行解读,从而形成统一软件过程架构描述。本节将主要介绍在建模过程中常用的"4＋1"架构。

3.3.1 "4＋1"架构的概念和组成

"4＋1"视图模型是由 Philippe Kruchten 于 1995 年在 *IEEE Software* 的一篇名叫 The 4＋1 View Model of Architecture 的论文中提出的。在这个视图模型中，软件开发者从五个不同视角描述软件体系结构的一组视图模型。它们包括逻辑视图、开发视图、进程视图、物理视图和场景视图。每个视图只反映系统的某一部分，五个视图结合起来才可以描述整个系统的结构。

（1）逻辑视图（logic view）将系统功能进行分解，它负责反映出系统内部是如何组织和协作来实现功能的。逻辑视图中包含从用户服务中提取出的对系统功能的抽象、分解和分析，通过揭示类、对象、类与对象之间的静态关系，以及对象之间如何交互的动态行为来展示各个对象如何共同实现系统的功能。逻辑视图主要对应着 UML 的类图。

（2）开发视图（development view，又称为实现视图）主要用来描述软件的各个模块的组织方式，包括源程序、程序包、支持软件、第三方库等。开发视图面向开发人员，主要考虑软件的编程时需求，例如，模块的编写是否容易，是否可以重用，哪些成熟的框架可以应用等。对应到 UML 中，由于其描述了静态的软件组织结构，一般由有着相似功能的组件图（组件与子系统）表达。

（3）进程视图（process view，又称为处理视图、运行视图、过程视图）主要描述系统的运行特性，侧重系统的性能和稳定性，关心系统的并发性、分布性、集成性的好坏，主要关注进程、线程、对象，并发、同步、通信等运行时概念。同时它为逻辑视图中类的具体操作指定进程或线程，并且对运行时单元之间的交互加以规划。进程视图主要面向系统集成人员，便于对系统进行性能测试。在 UML 中运行时分析一般采用顺序图、通信图、状态机图和活动图来完成。

（4）物理视图（physical view，又称为部署视图）主要描述硬件配置，强调系统的安装、配置、通信、拓扑结构等问题。在考虑性能和可靠性的基础上，它将软件系统映射到指定的硬件设备上。物理视图应保证不同的硬件环境给软件的性能带来的影响最小，或者对于某种已知的物理配置而言让性能和稳定性达到最高。物理视图是综合考虑软件系统和安装、运行环境的视图。UML 中的部署图基本可以实现以上物理视图涉及的部分。

（5）场景视图（scenarios，又称为用例视图）从项目需求入手，将四个视图结合为一个整体。可以描述一个特定视图内的构件关系，也可以描述不同视图间的构件关系。四个视图的元素需要协同工作以实现场景视图中给出的用例，它是距离用户需要最近的视图，也是软件开发中的重要驱动要素（用例驱动）。它实际上不包含新的内容（这也是"4＋1"的由来），只做四个视图的整合工作。但它是所有视图的核心，所谓用例驱动，就是指系统应当通过分析用例来决定应该提供哪些功能，所以它既是设计的核心，又是最终测试和检验的基准。UML 中的场景视图主要指用例图。

五个视图之间的关系如图 3-16 所示。

3.3.2 "4＋1"架构要解决的问题

面对复杂的问题情境，要实现用户指定的功能、开发出满足用户需求的软件并非易事。开发过程中软件架构师是否能对各种各样的用户需求进行捕获，是否能准确地寻找出需求之间可能出现的矛盾，并且分析哪些需求是容易实现的、不易实现的、不能实现的，从而确保重要的需求被满足。

正是因为软件设计是逻辑性极强的一种实践,是对人类智慧的高度考验,所以我们不能仅靠灵感来作为每个架构设计的策略。为了保证软件产品的功能需求,满足各种约束条件,并且在开发和使用时保障质量属性,我们在实践过程中需要依靠系统方法的指导。

终端用户
功能

编程人员
软件管理

集成开发人员
性能
可扩展性

系统工程师
部署拓扑结构
通信

图 3-16 "4+1"视图

从工程上简化一个问题,一种首要的思路就是分而治之。通常使用的分而治之策略有分层法、模块法等。其中,对于模块化而言,对于每个模块实行不同的较为单一的操作,透明化模块内部的信息,是一种重要的方法论。"4+1"视图方法是一种架构设计的多重视图方法,属于一种特殊的模块法。上面已经介绍了各个视图的"单一"功能分划,以下将较为详细地介绍"4+1"视图在开发实践中的使用方法。

3.3.3 运用"4+1"视图方法进行软件架构设计

在软件工程的长期实践过程中,许多从业者总结出了一些"4+1"架构的实践应用方法。其中,统一软件开发过程(Rational Unified Process,RUP)是一种成熟的、体系化、可定制的实践方法论。关于 RUP 的内容,我们在第 14 章中将对其概念和具体过程进行详细描述。本章就一般的软件开发过程,对"4+1"视图的使用方法加以简单介绍。

一个软件项目和传统的工程项目的首要问题是一致的,那就是"做什么""做出来的东西交给谁用""谁付钱"。在软件术语中,这三个问题的回答被称为需求、用户和投资方。而这三者的关系比较显然:投资方希望为用户提供方便并从中谋取一些利益,缺少了投资方项目无法运行;用户实际使用这个软件产品,实现一些具体的目的,没有用户也就意味着软件产品不会被使用;需求代表着用户需要实现的目的,没有开发的软件产品往往混乱而无用。

一般来说,一个项目不会缺少投资方和实际的用户,所以三个首要问题中开发者最关心的就是用户的需求。如果没有需求,整个项目没有进行下去的目标和驱动力。所以在"4+1"的五种视图中最先被使用的一定是场景视图。

场景视图是根据用户的需求可以直接产生和描述的,所以它是与需求关系最紧密的视图,可以在项目第一步获取需求之后立刻被使用。同样因为它代表顶层的软件产品目标,所以软件工程过程中一直通过分析各个场景来寻找功能和非功能点、检验系统是否满足要求。这些功能点和非功能点是实现部分的领航标,而根据场景进行测试是确认系统满足功能和非功能点的重要方式。

当输出了各种场景视图之后，可以进一步使用逻辑视图来细化场景。这一步的细化包括几个方面：

（1）找到场景中的所有关键交互；

（2）使用软件术语描述出交互逻辑，注意一些场景可能是基于事件的；

（3）设计一些更下层的元素，这些元素的合理组合可以最终实现这个场景。

如果说场景视图是架构设计师与用户的通用交流语言，那么逻辑视图就是架构设计师和项目实际开发人员的通用交流语言，只是此时的表现层次仍然比较高。

逻辑视图是一个低于场景、高于详细设计的视图。这一点表现在逻辑视图仍然是静态的、注重问题分划、关注用户使用流程的。逻辑视图更多地在尝试使用编程术语描述问题，而不是解决问题。随后继续细分得到的开发视图、进程视图和物理视图则开始关注问题的具体实现。

进程视图、开发视图和物理视图不太容易分出先后顺序。虽然在"4＋1"视图中它们是不同的模块，然而它们的内容却是紧密相关的。开发视图关注各种程序包的使用，进程视图关注运行时概念，物理视图关注程序和运行库、系统软件对物理机器的要求和配合方式。有一些开发经验的读者，可能立刻就意识到它们之间密不可分的关系，例如，运行库存在着线程支持、线程安全问题；一些物理硬件支持并发而另外一些可能不支持；程序包的静态依赖关系在运行时会成为对象、进程和线程等。所以这三个视图需要合理地并用，负责每个视图的开发小组需要经常交流以确保三个视图间的内容一致。

对绝大多数面向对象软件开发过程来说，上述"4＋1"视图软件架构设计方法都是适用的。理解了本节的内容后，对读者对后续章节的理解有很大的帮助，并且后面将反复提及本节中使用的名词。

视频讲解

3.4　UML 建模工具

所谓"工欲善其事，必先利其器"，有了好的建模方法就需要有好的建模工具提供支持。经过多年的发展，目前已经出现了很多 UML 建模工具。本节主要介绍几个常用的 UML 建模工具。

1. Enterprise Architect

Enterprise Architect 是 Sparx Systems 公司的旗舰产品（见图 3-17）。它为用户提供一个高性能、直观的工作界面，联合 UML 2.0 最新规范，为台式机工作人员、开发和应用团队打造先进的软件建模方案。Enterprise Architect 的基础构建于 UML 2.0 规范之上，不仅如此，使用 UML Profile 还可以扩展建模范围，与此同时，模型验证将确保其完整性。利用 EA，设计人员可以充分利用所有 UML 2 中的图表的功能。EA 具备源代码的前向和反向工程能力，支持多种通用语言，包括 C++、C♯、Java、Delphi、VB. Net、Visual Basic 和 PHP，也可从源代码中获取完整框架。

图 3-17 Enterprise Architect 界面

2. Rational Rose

Rational Rose 是由 Rational 公司研发的一种面向对象的可视化建模工具(见图 3-18)。Rose 为开发许多软件应用程序(包括 Ada、ANSI C++、C++、CORBA、Java、Java EE、Visual C++ 和 Visual Basic 等)提供了一系列的模型驱动功能。Rational Rose 可以满足绝大多数的建模环境的需求,是国际知名的建模工具。Rose 有很强的校验功能,可以方便地检查出模型中的许多逻辑错误,还支持多种语言的双向工程,可以自动维护 C++、Java、VB、PB、Oracle 等语言和系统的代码。由于 UML 是在 Rational 公司诞生的,这样的渊源使得 Rational Rose 力挫当前市场上很多基于 UML 可视化建模的工具。Rational Rose 自推出以来就受到了业界的瞩目,并一直引领着可视化建模工具的发展,是比较经典的 UML 建模工具。Rational Rose 的最新一次版本发布于 2003 年,因此不支持 UML 2 规范。后来 Rational 公司被 IBM 收购,又推出了新的 Rational 系列产品用于建模。

视频讲解

3. Rational Software Architect

IBM Rational Software Architect 是 IBM 在 2003 年 2 月并购 Rational 以来,首次发布的 Rational 产品(见图 3-19)。RSA 全面升级了之前的 Rose 工具,可以对系统进行建模、设计并维护架构、测试以及管理项目生命周期等操作。RSA 是 Rose 的升级替代品,因此支持使用 UML 来确保软件开发项目中的众多相关者不断沟通,并使用定义的规范来启动开发,并且支持最新的 UML 2 规范。RSA 支持 Java、C++、C♯、EJB、WSDL、XSD、CORBA 和 SQL 等语言的正向工程和 Java、C++和.NET 的逆向工程。

视频讲解

4. StarUML

StarUML 是由 MKLab 开发的一款开源 UML 工具(见图 3-20)。该工具曾被遗弃过一

视频讲解

段时间，直到2014年发布了重新编写的2.0.0版本。该项目的目标是取代较大型的商业应用，如Rational Rose。StarUML目前支持大多数在UML 2.0中指定的图类型。目前暂时缺少时序图和交互概览图。

图 3-18　Rational Rose 界面

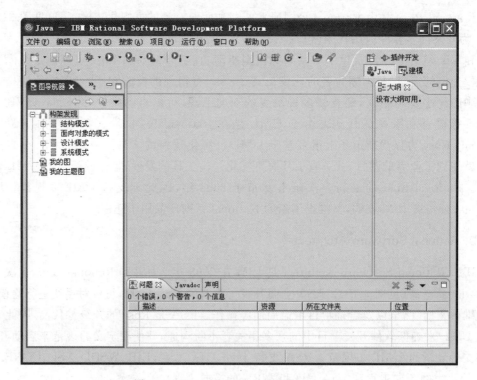

图 3-19　Rational Software Architect 界面

图 3-20　StarUML 界面

5. ProcessOn

ProcessOn 是一个面向垂直专业领域的作图工具和社交网络,支持绘制思维导图、流程图、UML、网络拓扑图、组织结构图、原型图、时间轴等。

视频讲解

小结

UML 的构造块中的事物为现实世界中事物的抽象提供了映像,关系为事物之间的联系和交互提供了映像,而图表达了软件设计中事物和关系的结合。而通用机制使 UML 的使用更加得心应手。本章还介绍了 Kruchten 提出的"4＋1"视图模型。不同的部门通过"4＋1"视图找到在软件架构中分别关心的问题,进行高效率的分析和设计。同时每个视图只关心某一个侧面,各个部分的耦合性很小,便于部门间的协同工作。本章最后给出了几种常见的 UML 建模工具。

习题 3

1. 选择题

(1) 下列事物中不属于 UML 中的结构事物的是(　　)。

　　A. 类　　　　　　　　B. 组件　　　　　　　　C. 节点　　　　　　　　D. 状态机

(2) 描述了一组动作序列的模型元素是(　　)。

A. 类   B. 接口   C. 用例   D. 组件

(3) 在 UML 中表示一般事物与特殊事物之间的关系的是(   )。

     A. 关联关系   B. 泛化关系   C. 依赖关系   D. 实现关系

(4) 可以使用 UML 中的(   )来描述图书馆与书的关系。

     A. 关联关系   B. 泛化关系   C. 依赖关系   D. 实现关系

(5) UML 使用(   )来描述接口和实现接口的类之间的关系。

     A. 关联关系   B. 泛化关系   C. 依赖关系   D. 实现关系

(6) 下列 UML 图中不属于结构图的一项是(   )。

     A. 类图   B. 对象图   C. 组件图   D. 顺序图

(7) 下列 UML 图中不是 UML 2 规范新增加的图的一项是(   )。

     A. 类图   B. 交互概览图   C. 组合结构图   D. 时序图

(8) 下列选项中不属于 UML 的扩展机制的是(   )。

     A. 约束   B. 构造型   C. 注释   D. 标记值

(9) 当需要表示某个元素的特性信息时,可以使用(   )扩展机制。

     A. 约束   B. 构造型   C. 注释   D. 标记值

(10) 在"4+1"架构中,(   )主要用来描述软件的各个模块的组织方式。

     A. 逻辑视图   B. 开发视图   C. 进程视图   D. 物理视图

2. 判断题

(1) 构造块就是 UML 中的事物。   (   )

(2) UML 中的行为事物通常用来描述模型中的动态部分。   (   )

(3) UML 中的注释可以选择被隐藏起来。   (   )

(4) UML 中的关系负责连接两个同种类的模型元素。   (   )

(5) 所有的 UML 图都不依赖于元素符号的大小和位置。   (   )

(6) UML 的每个图形符号都暗示了该元素的规格说明。   (   )

(7) 类操作的可见性(公有、私有或保护)可以通过 UML 的通用划分表示出来。 (   )

(8) UML 的用户可以随意对 UML 进行任意形式的扩展。   (   )

(9) UML 中的约束使用大括号中的文本来表示。   (   )

(10) "4+1"架构中的开发视图将四个视图结合为一个整体。   (   )

3. 简答题

(1) 简述 UML 中四种事物的含义和作用。

(2) 简述 UML 中四种基本关系的含义和作用。

(3) 简述"4+1"视图中五种视图的作用。

4. 操作题

(1) 安装任意一款 UML 建模工具。

(2) 在安装的工具中新建一个类元素,并命名为 HelloRose。

第2部分

第4章

用 例 图

在软件开发过程中，首要解决的问题就是捕获并分析客户的需求，此时可以通过用例和用例图来形象地表示出所有需求。捕获和分析需求，首先就要准确描述出客户的功能性需求和行为性需求，即系统需要完成哪些任务，以便进一步确定系统需要建立哪些类和对象并建立它们之间的关系。用例建模就是用来描述系统功能的技术。

4.1 用例图简介

用例图(use case diagram)是表示一个系统中用例与参与者之间关系的图。它描述了系统中相关的用户和系统对不同用户提供的功能和服务。用例图是 UML 中对系统的动态方面建模的五种图之一(其他四种是活动图、状态机图、顺序图和通信图)，是对系统、子系统和类的行为进行建模的核心。

对于用户而言，最关心的是一个系统具有的功能与呈现的外部特性，而并不十分关注实现过程以及实现方法本身。用例图就相当于从用户的视角来描述和建模整个系统，分析系统的功能与行为。用例图通过呈现元素在语境中如何被使用的外部视图，使得系统、子系统和类等概念更加易于探讨和理解。

用例图中的主要元素包括参与者、用例以及元素之间的关系。此外，用例图还可以包括注释和约束，也可以使用包将图中的元素组合成模块。图 4-1 显示了一个图书管理系统的用例图。

图 4-1　用例图

4.2　用例图的组成元素

本节将重点介绍组成用例图的参与者和用例，以及用例图中的关系。

4.2.1　参与者

凡有用例，必存在参与者。一个不能被任何用户感知到的"功能"或"事务"，在系统中存在的意义又是什么呢？本节将主要介绍参与者这一建模元素。

1. 什么是参与者

参与者（actor，也被译为执行者），是与系统主体交互的外部实体的类元，描述了一个或一组与系统产生交互的外部用户或外部事物。参与者以某种方式参与系统中一个或一组用例的执行。

参与者位于系统边界之外，而不是系统的一部分。也就是说，参与者是从现实世界中与系统有交互的事物中抽象出来的，而并非系统中的一个类。例如，某个用户登录了某一网站，网站存储有这个用户的个人信息。在这一例子中，这个用户可以抽象成系统的参与者，而数据库中存储的个人信息记录则是系统内部的一个对象。参与者可以对应于现实世界中的人、电子设备、操作系统、另外的软件系统甚至是时间等其他类型的对象。

参与者是从现实世界中抽象出来的一种形式,却不一定确切对应现实中的某个特定对象。一个现实中的对象可以根据对系统的不同目的抽象成多个参与者;多个现实中的对象也可以按照对系统的相同目的而抽象为一个参与者。例如,一个人可以是一个网站的管理员和普通用户,他的这两种身份对系统的目的和操作是不同的,因此他一个人对应于两个参与者。再比如,一个网站可以有成千上万个用户,他们对于网站所进行的操作和拥有的权限是相同的,那么他们全体被抽象为一个参与者。著名的 OO 专家 Martin Fowler 认为,参与者(actor)这一词汇是源于瑞典语的误译,更适合的术语应该是角色(role)。因此,参与者可以认为是外部对象相对于系统而言所扮演的角色的抽象。

在 UML 中,参与者有两种表示法,如图 4-2 所示。参与者的图标表示法是一个小人图形,图标下方显示参与者的名称。参与者还可以使用带有<< actor >>构造型的类符号(矩形)来表示。一般情况下,习惯用图标表示法来代表人,用类符号表示法来表示事物。此外,参与者可以分栏来表示它的属性和接收到的事件。

图 4-2　参与者

2.如何确定参与者

确定参与者是构建用例图的第一步。通过对参与者进行关注和分析,我们可以把重点放在如何与系统交互这一问题上,便于进一步确定系统的边界。另外,参与者也决定了系统需求的完整性。确定参与者可以从以下几个角度来考虑:

- 为系统提供输入的人或事物。
- 接收系统输出的人或事物。
- 需要接入的第三方系统或设备。
- 时间是否会触发某些事件。
- 负责支持或维护系统中信息的人。

除了从以上角度考虑参与者,还可以参考参与者的分类来进行确定。系统中的参与者一般可以分为四类。

- 主要业务参与者(primary business actor):主要从用例的执行中获得好处的关联人员。主要业务参与者可能会发起一个业务事件。例如,某公司雇员会在支付系统中获取薪资,因此他是一个主要业务参与者。
- 主要系统参与者(primary system actor):直接同系统交互以发起或触发业务或系统事件的关联人员。主要系统参与者可能会与主要业务参与者进行交互,以便使用系统。例如,在一个零售店的支付过程中,出纳员负责处理系统的收款事务,因此,他是一个主要系统参与者。
- 外部服务参与者(external server actor):响应来自用例的请求的关联人员。例如,信用卡部门认证授权信用卡的支付行为,因此它是一个外部服务参与者。
- 外部接收参与者(external receiver actor):从用例中接收某些价值或输出的非主要的关联人员。例如,仓库接收到一个客户订单准备发货,因此仓库是一个外部接收参与者。

4.2.2　用例

在 UML 建模中，用例无疑是最重要的元素之一。作为整个软件开发过程的驱动因素，用例将所谓"面向对象"的封装起来的类、相互独立的组件等模块化的部分整合在一起，在开发者层面看来，多个独立无关的部分需要通力协作，最终完成一个或几个用例；在用户层面看来，用例几乎是直接显示出了使用者的需求。可以说，用例是系统中的对象最终得以实现其意义的核心力量，也正因为此，我们说用例图是 UML 中最重要的元素之一，准确的用例定义是在软件开发过程中不可或缺的要素。

鉴于用例具有如此重要的地位，所以对用例的性质的误用很容易导致软件设计的缺漏或冗余。由于种种原因，用例的设计确实难以掌握，除了本身的性质较难理解以外，在实践中如何做到在保证用例可以覆盖用户需求的要求下尽可能简化实现、将逻辑无关的部分进行细分等细节也同样让人苦恼。本节将详细介绍用例这一建模元素，希望读者能够有所收获。

1. 什么是用例

用例（use case，又被译作用况）是类元（一般是系统、子系统或类）提供的一个内聚的功能单元，表明系统与一个或多个参与者之间信息交换的顺序，也表明了系统执行的动作。一个用例就是系统的一个目标，描述为实现此目标的活动和系统交互的一个序列。用例的目标是要定义系统或子系统的一个行为，但不揭示系统的内部结构。

简单来说，用例就是某一个参与者在系统中做某件事从开始到结束的一系列活动的集合，以及结束时应该返回的可观测、有意义的结果，其中也包含可能的各种分支情况。举例来说，在某图书管理系统中，会员的借书行为就可以视作一个用例。借书用例的参与者是会员，用例从会员来到服务台请求借书开始，到会员借书成功或失败为止。

用例是一种理解和记录系统需求的出色的技术，用例所描述的场景实际上包含了系统的一个或多个需求，因此用例与用例图被广泛用于系统的需求建模阶段，并在系统的整个生命周期中被不断细化。

在 UML 中，用例用一个包含名称的椭圆形来表示，如图 4-3 所示。　图 4-3　用例
其中用例的名称可以显示在椭圆内部或椭圆下方。

2. 用例与参与者

用例与参与者是用例图中最主要的两个元素，二者也存在着密不可分的关系。用例是参与者与系统主体的不同交互作用的量化，是参与者请求或触发的一系列行为。一个用例可以隶属一个或多个参与者，一个参与者也可以参与一个或多个用例。没有参与任何用例的参与者都是无意义的。

用例与参与者之间存在关联关系，即参与者实例通过与用例实例传递消息实例（信号与调用）来与系统进行通信。用例实例是一个用例的执行，由一条来自参与者实例的消息发起。作为响应，用例实例执行一系列用例指定的动作（包括给多个参与者实例发送消息），这种交互一直持续到用例的结束。

既然用例描述的是在真实世界中参与者与系统的交互，那么我们在确定用例时就可以

通过参与者入手来寻找用例。应用这个策略的过程可能会发现一个新的参与者,这种迭代和逐步细化的过程完善了系统的建模。因此,在确定用例时,可以从以下几个角度考虑:

- 参与者的主要任务是什么?
- 参与者需要系统的什么信息?
- 参与者可以为系统提供什么信息?
- 系统需要通知参与者发生的变化和事件吗?
- 参与者需要通知系统发生的变化和事件吗?

3. 用例的特征

用例有很多特征,这些特征保证用例能够正确地捕捉功能性需求,同时这些特征也是判断用例是否准确的依据。

1)用例是动宾短语

用例表达的是一个交互序列,因此需要使用一个动词词组或动宾短语来命名。用例的存在意义在于实现参与者的目的,动宾短语可以简明扼要地表达意愿和目的。用例可能有类似"登录系统""取款""选课"这样的名字,而不应该被命名为"登录器""取款单""课程表""购票处"等。单纯从语言角度我们也知道,仅仅依靠名词是无法准确描述一个功能的。

2)用例是相对独立的

所谓"相对独立",指的是用例在功能上是完备的,即不需要与其他用例交互从而独自完成参与者的某项目的。用例本质上体现了参与者的愿望,因此,设计的用例必须要实现一个完整的目的。例如,一个人在 ATM 机处,此时"取钱"是一个较好的用例,它确实满足了用户的需要。而"输入密码"不能完整地实现参与者的愿望,仅仅是取钱过程中的一个步骤而已,不是一个用例。同样,到车库"取车"可以作为一个用例,"打开车库门"不可以。

3)用例是由参与者启动的

如前所述,用例是参与者请求或触发的一系列行为。因此不存在没有参与者的用例,用例不应该自启动,多个用例之间也不应该互相启动。参与者的愿望或需求是用例启动或存在的原因。在设计用例图时,要注意每个用例都至少拥有一个参与者,同时要选择正确的参与者。例如,对于"取钱"这一用例而言,参与者是取款人而不是自动取款机。

4)用例要有可观测的执行结果

不是所有的执行过程都最终成为用例。用例应该返回一些可以观测的执行结果,如登录系统时应该及时通知用户"登录成功",或者跳转到把参与者作为成员的页面;若密码出错,也应该及时给出提示"密码错误"以便用户改正或重试等。缺少了返回消息的用例是不正确的。

5)一个用例是一个单元

软件开发工作的依据和基础是用例,当用例被决定后,所有分析和开发,包括之后的部署和测试等工作需要以用例为基础。这种开发活动也叫作用例驱动的开发活动。

4. 用例的粒度

用例粒度(use case granularity)指的是用例组织信息的方式和细化程度。这个概念看上去过于抽象,因此我们通过下面一个实例进行说明。

假设某个系统允许用户修改自己的用户名、密码、联系电话和地址等信息。基于这一交互过程，我们可以绘制出两个用例图，如图 4-4 所示。在图 4-4(a)中，将其作为 4 个用例显示，并且每个用例都与参与者建立关联；而图 4-4(b)则概括为一个"修改个人信息"的用例，因此我们可以说图 4-4(a)的用例粒度比图 4-4(b)要细。

图 4-4 用例粒度

用例粒度实际上是一个"度"的概念。在实际建模过程中，并没有一个标准的规则，也就是说，无法找到一个明确的分界值来决定什么程度是对的，什么是错的。我们在确定用例时完全不需要为此所困，而需要根据当前阶段的具体需要来进行。需要注意的是，不管用例的粒度大小如何，都要符合上面提到的用例特征，否则就违背了用例的思想。

在业务建模阶段，用例的粒度以每个用例描述一个完整的事情为宜。即一个用例描述一项完整的业务流程，如登录、取钱、借书等，这有助于系统需求范围的确定。

在概念建模阶段，用例的粒度以每个用例能描述一个完整的事件流为宜。这个阶段需要使用一些面向对象方法来抽象业务需求中的关键概念模型并建模。

在系统建模阶段，用例的粒度以一个用例能够描述参与者与计算机的一次完整交互为宜。例如，填写表单、审核用户信息等。可以简单理解为一个操作界面所处理的事务。

上述不同建模阶段的划分方法是根据经验得出的在大多数情况下比较适宜的方案，而非一成不变的标准。在实际操作时，可以根据具体情况适当变更。需要注意的是，不论如何选择用例粒度，都要保证在同一个需求阶段，所有用例的粒度应该是在同一个量级上的。

4.2.3 用例图中的关系

由于用例图中的主要元素是参与者和用例，因此用例图中包含参与者之间的关系、参与者与用例的关系以及用例之间的关系。

1. 参与者间的泛化关系

一个系统可以具有多个参与者。当系统中的几个参与者既扮演自身的角色,同时也有更一般化的角色时,可以通过建立泛化关系来进行描述。对参与者建立泛化关系,可以将这些具有共同行为的一般角色抽象为父参与者,子参与者则可以继承父参与者的行为和含义,并能拥有自己特有的行为和含义。如图 4-5 所示,付费会员拥有普通会员的权限,也拥有一些普通会员没有权限的操作,因此二者之间可以建立泛化关系。

图 4-5　参与者之间的泛化关系

在泛化关系中,父参与者可以是抽象的(抽象元素表示为斜体),即不能创建一个父参与者的直接实例,这就要求属于抽象父参与者的外部对象一定能够属于其子参与者之一。例如,在图 4-6 中,客户这一参与者是抽象的,它有三个子参与者:直接客户、电话客户和网上客户。如果系统外部的一个参与者对象属于"客户",因为"客户"本身不能拥有直接实例,因此它必然属于客户的三个子参与者的其中一个。

图 4-6　抽象参与者

2. 参与者与用例的关联关系

4.2.2 节已经介绍过,在用例图中,参与者与用例之间存在关联关系,即参与者实例通过与用例实例传递消息实例(信号与调用)来与系统进行通信。在用例执行过程中,一个用例实例不一定仅仅对应于一个参与者实例,一旦出现了多个参与者实例共同参与一个用例实例的发起和执行,参与者们就有了主次之分。但无论在何种情况下,用例总试图达成某一类参与者的目的,一般也就只有一方面的需求得到满足。行为对应的被满足的那个参与者称为这个用例的主参与者,而其他仅仅是和系统有通信的参与者们称为次参与者。通常来说,主参与者是用例的重要服务对象,而次参与者处于一种协作地位。

在 UML 中,关联关系使用实线箭头表示,如图 4-7 所示。如果箭头指向用例,则表明参与者发起用例,即用例的主参与者;如果没有箭头或箭头指向参与者,则表示用例与外部服务参与者或外部接受参与者之间有交互,即用例的次参与者。

图 4-7　用例与参与者之间的关联关系

3．用例间的泛化关系

与参与者的泛化关系相似，用例的泛化关系将特化的用例与一般化的用例联系起来。子用例继承了父用例的属性、操作和行为序列，并且可以增加属于自己的附加属性和操作。

例如，一所学校要设计一个给所有教职工的评价系统。系统中用于评价清洁工人和用于评价教师的用例形式相同，都是百分制；但面对的对象不同，是同一个类别下的两个子类，所以评价的方式也不尽相同。假设有一个对于所有教职工的"评价"用例，则对于每个子类的特殊评价用例均可以看作与其构成泛化关系。

用例之间的泛化关系表示为一根实线三角箭头，箭头指向父用例一方，如图 4-8 所示。

图 4-8　用例间的泛化关系

在图 4-8 中，我们注意到"评价教职工"这一用例的名称是用斜体字表示的。这与参与者类似，表示抽象用例，即这一用例不能被实例化，而只能创建其非抽象的子用例的实例。

建议：用例之间的泛化关系往往令人困惑。由于在用例图中很难显式地表达泛化出来的子用例到底"继承"了基本用例的哪些部分，并且子用例继承父用例的动作序列很有可能会导致高耦合的产生，因此本书建议读者尽量不使用用例的泛化关系，更不应该使用多层的泛化。如果读者坚持使用，请尽量将父用例设计为抽象用例，并仔细分析父用例与子用例的事件流（参照 4.3.3 节），以降低系统耦合度并避免泛化关系的错误使用。

4．用例间的依赖关系

在用例图中，除泛化关系外，用例之间还存在多种依赖关系。依赖关系通过附加不同的构造型来表示不同的关系，用户也可以自己定义带有新构造型的依赖关系。本书介绍用例图中最常见的两种依赖关系：包含和扩展。

1）包含

包含指的是一个用例（基用例）可以包含其他用例（包含用例）具有的行为，其中包含用例中定义的行为将被插入基用例定义的行为中。使用包含关系需要遵循以下两个约束：基用例可以看到包含用例，并需要依赖于包含用例的执行结果，但是它对包含用例的内部结构没有了解；基用例一定会要求包含用例执行，即对包含用例的使用是无条件的。

例如，在某个在线交易系统的用例图中，用户创建订单的行为一定需要包括选择商品的行为序列，且创建订单的行为依赖于选择商品的结果，因此二者之间构成包含关系。

在 UML 中，包含表示为一个虚线箭头附加上<< include >>的构造型，箭头从基用例指向包含用例，如图 4-9 所示。

图 4-9　包含

一般情况下，当某个动作片段在多个用例中都出现时，可以将其分离出来从而形成一个单独的用例，将其作为多个用例的包含用例，以此来达到复用的效果。

2）扩展

扩展指的是一个用例（扩展用例）对另一个用例（基用例）行为的增强。在这一关系中，扩展用例包含了一个或多个片段，每个片段都可以插入基用例中的一个单独的位置上，而基用例对于扩展的存在是毫不知情的。使用扩展用例，可以在不改变基用例的同时，根据需要自由地向用例中添加行为。

例如对于系统的"注册"用例而言，用户可以填写实名信息从而获得系统较高的信任等级，这就需要引入一个"检查实名信息"的用例。这一用例对于每个注册用例的实例而言不是必需的，也就是说，此用例的执行是有条件的。而且，注册用例本身对于检查实名信息的存在是不知情的，即它不需要检查实名信息的结果就可以继续执行，因此二者之间构成扩展关系。

扩展使用一个附加了<< extend >>构造型的虚线箭头表示，箭头指向基用例，如图 4-10 所示。请注意扩展与包含的箭头方向是相反的，这表明扩展取决于扩展用例而非基用例，扩展用例决定扩展的执行时机，基用例对此一无所知。

图 4-10　扩展

扩展用例的使用包括四个部分，分别是：

- 基用例——需要被扩展的用例，如图 4-10 中的"注册"用例。
- 扩展用例——提供所添加的行为序列的用例，如图 4-10 中的"检查实名信息"用例。
- 扩展关系——使用虚线箭头表示，箭头指向基用例。
- 扩展点——基用例中的一个或多个位置，表示在该位置会根据某条件来决定是否要中断基用例的执行从而执行扩展用例中的片段。

扩展点实际上是一个决定是否执行扩展用例的分支条件，其作用类似于编程语言中的

if 语句。例如在如图 4-10 所示的例子中，"注册"用例在执行时，如果用户填写了身份证号等实名信息，就需要跳转执行"检查实名信息"用例。扩展用例执行完毕之后，基用例从中断的位置继续执行。也就是说，扩展用例是否被执行取决于扩展点的条件，如果条件不满足，则不执行扩展用例。实际上，在基用例的执行过程中，可以通过扩展点的数量和位置来使同一个扩展用例执行多次。

　　建议：实际上，扩展点可以表示在用例图标中，也可以表示在用例描述中。Rational Rose 工具不支持扩展点在用例图形中的表示，并且扩展点表示在用例图标中会降低用例图的可读性，因此建议将扩展点在用例描述中表示，也不介绍扩展点的图形表示。有关用例描述的相关内容，请参考 4.3 节。

　　包含与扩展经常会使初学者陷入困惑，表 4-1 对二者的异同进行了详细的比较。

表 4-1　包含与扩展的比较

特　性	include	extend
作用	增强基用例的行为	增强基用例的行为
执行过程	包含用例一定会执行	扩展用例可能被执行
对基用例的要求	在没有包含用例的情况下，基用例可以是也可以不是良构的	在没有扩展用例的情况下，基用例一定是良构的
表示法	箭头指向包含用例	箭头指向基用例
基用例对增强行为的可见性	基用例可以看到包含用例，并决定包含用例的执行	基用例对扩展用例一无所知
基用例每执行一次，增强行为的执行次数	只执行一次	取决于条件（0 到多次）

4.3　用例描述与文档

　　用例图让人看到系统的外貌，但系统拥有什么功能，这些功能可以达到什么目的，用例图并不知道，更无法解释系统将如何去实现和完成其功能。若希望以外部的视角真正了解系统，还需要通过阅读用例的描述和详细文档来实现。本节主要介绍用例描述的概念以及如何写用例说明文档。

4.3.1　什么是用例描述

　　用例关注的是一个系统需要做什么（what），而并非如何做（how）。也就是说，用例本身并不能描述一个事件或交互的内部过程，这对软件开发来说是不够充分的。因此，我们可以通过使用足够清楚的、便于理解的文字来描述一个事件流，进而来说明一个用例的行为。一个完整的用例模型应该不仅仅包括用例图部分，还要有完整的用例描述部分。

　　一般的用例描述主要包括以下几部分内容：
- 用例名称——描述用例的意图或实现的目标，一般为动词或动宾短语。
- 用例编号——用例的唯一标识符，在其他位置可以使用该标识符来引用用例。
- 参与者——描述用例的参与者，包括主要参与者和其他参与者。

- 用例描述——对用例的一段简单的概括描述。
- 触发器——触发用例执行的一个事件。例如,"生成订单"用例的触发器是"用户提交了一个新订单时"。
- 前置条件——用例执行前系统状态的约束条件。
- 基本事件流(典型过程)——用例的常规活动序列,包括参与者发起的动作与系统执行的响应活动。
- 扩展事件流(替代过程)——记录如果典型过程出现异常或变化时的用例行为,即典型过程以外的其他活动步骤。
- 结论——描述用例何时结束。例如,"生成订单"的结论是"用户收到订单确认的通知后"。
- 后置条件——用例执行后系统状态的约束条件。
- 补充约束——用例实现时需要考虑的业务规则、实现约束等信息。

4.3.2 前置条件与后置条件

前置条件指的是用例执行前系统和参与者应处的状态。前置条件是用例的入口限制,它便于我们在进行系统分析及设计的时候注意到,在何时何地才可以合法地触发这个事件。需要注意的是,前置条件是用例执行的必要条件而非充分条件,即前置条件并不等同于触发器,而是一个条件声明,只有满足前置条件为真时才能够被触发。

后置条件是用例执行完毕后系统处于的状态。当用例存在多个事件流时,可能会对应多个不同的后置条件。后置条件是对用例执行完毕后系统状况的总结,用来确保用户理解用例执行完毕后的结果,并非其他用例的触发器。

如果将用例看作一个交互流程,那么前置条件和后置条件就分别是这个流程的入口和出口状态。例如,对某个在线交易系统的"提交订单"用例,其前置条件是"用户已登录",后置条件是"用户将订单提交到系统"。

需要注意的是,前置条件和后置条件对于一个用例不是必需的,如果系统状态对用例的如何启动与如何结束并不重要,则可以省略这些条件。前置条件为空,则表示用例的启动不需要任何约束;后置条件为空,则表示用例结束后系统状态没有明显的改变。

4.3.3 事件流

事件流是对用例在使用场景下的交互动作的抽象,应该包括用例何时以及怎样开始和结束、用例何时与参与者交互、该行为的基本流和可选择的流。

在描述事件流时,要时刻注意事件流是用来使用户理解用例的功能的,因此应该尽量使用业务语言而非专业术语,即应该用户便于理解。描述重点应该放在交互过程上,即从系统外部看到的过程,而不要描述系统内部的处理细节。对交互过程的描述应该覆盖参与者的动作与系统的行为。描述语言应该清晰明确,不使用模糊的表达方式。另外,切勿在用例的描述中就设定系统的设计要求,尤其不要对用户界面进行展开。

一个用例的事件流主要包括基本事件流与扩展事件流。

1．基本事件流

基本事件流描述的是用例中最核心的事件流，是用例大部分时间所进行的场景。基本事件流通常描述用例中没有异常或分支的情况，也即用例最理想的执行步骤。因此基本事件流也被有些资料形象地称为快乐路径（happy path）。

在编写用例的基本事件流时，按照交互的先后顺序依次记录参与者与系统交互的步骤，并使用阿拉伯数字进行编号。当基本流比较复杂时，可以将其分解为若干个子流（subflow），每个子流独立标识并编号（可使用前缀"S-"）。也可以使用子流来表示存在多种主要路径的情况。

2．扩展事件流

扩展事件流又称备选事件流，用来表示用例处理过程中的一些分支或异常情况。扩展事件流一般是从基本事件流的某个步骤中分离出来的备选步骤。一般来说，对于一个基本流会存在着多个备选流，因此每个备选流需要单独进行编号，可使用前缀"A-"加上所替换的基本流的编号。特别地，如果一个备选流在基本流的整个过程中都可以被触发，则可以使用"A-＊"的方式表示。

4.3.4 补充约束

用例通过图形表示和事件流描述了具体的功能需求，而对于系统而言，还包括许多功能之外的内容，例如非功能需求、业务规则等。本书中将这些内容统称为补充约束。在进行用例描述时，也需要添加上这些补充信息，以便更好地详述和刻画用例。对于不同的项目而言，补充信息也不尽相同。本节介绍其中常见的几种补充约束。

1．数据需求

数据需求指的是与该用例相关的一些数据项的说明，例如"注册信息包括用户名、密码以及电子邮箱"。这些被约束的数据一般与用例的事件流相关，因此需要对该数据项进行编号，可使用前缀"D-"加上关联的事件流步骤编号来表示。

2．业务规则

业务规则指的是与业务相关的逻辑和操作规则。它包括客户与开发方达成共识的事实，一些业务中的推理方法以及一些限制条件。业务规则的编号使用前缀"B-"表示。

3．非功能性需求

用例描述的是功能性需求，而对于每个用例，还需要描述与之相关的非功能性需求。

4．设计约束

设计约束本质上不是需求的一部分，而是从多个角度对用例或系统的约定，这些约定对后续的分析和设计有一定影响，因此需要记录下来。

4.3.5 用例文档

在介绍完用例描述的各部分内容后,就可以运用这些规则去编写一个用例的文档了。本节以某在线购物系统的"提交订单"为例,给出一个用例文档的格式与内容(如表 4-2 所示)。

表 4-2 "提交订单"用例的用例文档示例

用例名称	提 交 订 单
用例编号	UC002
参与者	会员
用例描述	该用例描述一个系统会员提交一份订单的行为
触发器	当订单被提交时,用例触发
前置条件	提交订单的一方需要完成登录操作
后置条件	如果订单中的商品有库存,则发货;否则提示用户当前缺货
基本事件流	1. 参与者将订单信息提交至系统; 2. 系统验证用户信息及订单信息合法后做出响应; 3. 对于订单中的每种产品,系统根据订单中的数量检查产品库存数量; 4. 系统统计订单中产品的总价格; 5. 系统从会员的系统账户余额中扣除相应金额; 6. 系统生成并保存订单信息并将订单发送至分销中心; 7. 系统生成订单确认页面并发送给会员
扩展事件流	A-2 如果订单信息非法,系统通知会员并提示重新提交订单; A-3 如果订单中产品数量超过产品库存量,则提示会员库存不足,暂无法购买,取消订单同时终止用例; A-5 如果会员账户余额不足,系统给出相应提示,取消订单并终止用例
结论	当会员收到系统发送的订单确认页面或其他异常信息时,用例结束
数据需求	D-1 订单信息包括订单号、参与者的会员账户名、商品种类数量、商品种类名称以及每种商品的数量
业务规则	B-1 只有当订单中商品信息确认无误后才能要求会员进行支付

注意:本节介绍的用例描述的内容不是 UML 中定义的,而是人们在实践过程中逐渐形成的一种对用例的有效描述方法。用例描述中的各部分名称与编号格式在不同参考书籍中也不尽相同,其内容则是大同小异。对本书中用例描述与文档的格式只是给读者一个常见的参考,在实际建模过程中可以灵活使用。

4.4 应用用例图建模

对用例图进行建模,事实上是对系统的外部行为进行提取和展示。所谓外部行为,就是系统关于某个特定领域内要解决的问题而给出的功能。因此,面向系统的语境、面向用户对系统的需求都是恰当的建模思想。本节主要介绍如何使用用例图对系统建模。

4.4.1 用例图建模技术

用例图用于对系统的用例视图进行建模。这个视图主要建模系统的外部行为,即该系统在其语境下对外部所提供的服务。

当对系统的用例视图建模时，通常会使用以下两种方式之一来使用用例图：对系统的语境建模与对系统的需求建模。

1. 对系统的语境建模

语境是系统存在的环境，而对于用例图而言，主要语境就是位于系统边界之外的参与者。因此，在保证用例一定位于系统边界内部的同时，应时刻谨记参与者一定出现在主题的外部。在此种情况下，用例图主要是为了说明参与者的身份，以及它们所扮演的角色的含义，这被称为对系统的语境建模。

在对系统的语境建模时，参与者的选定是特别重要的。如果参与者过于泛泛，就不容易确定出系统的边界。在一个员工食堂里面，如果把参与者定义为"顾客"，那之后就面临着决定外来人士算不算是合法的"顾客"的问题。而后又需要考虑，如果把外来人士算作顾客，那么就需要考虑外来人士没有员工工号所带来的问题。对参与者概念范围的扩大会使得系统边界变得模糊，要处理的异常情况大量增加。决定系统周围的参与者说明了与系统进行交互的事物列表，隐含着确定了系统需要为之提供服务的"需求方"，也就限定了哪些需求是我们应该考虑在当前系统中的。

例如，在对某校学生的选课系统中进行语境建模时，首先考虑参与者的选择。在选课系统中，首先想到的参与者一定是学生，因为学生是选课的主体，他们是最主要的参与者群体。其次，作为学生可以在其中选课的系统，必须在内部存放一些课程信息，一般来说课程的容量、时长、教师、上课时间和地点都可能会变化，所以需要专门的人员去维护，我们可以将其抽象为"管理员"。

假设我们的例子就限定于这个简单的系统，由学生和管理员两者构成了全部的参与者。然后我们考虑，系统内的行为应该由系统外的哪一类参与者触发。选课如果规定一定是由学生自己来选，那么学生就是选择课程用例的唯一参与者。与此类似，查看课程信息应该是学生和管理员均可触发，另外，添加课程、删除课程和修改课程这几个用例的参与者也应该是管理员。

对系统的语境建模，一般需要遵循以下策略：

- 识别系统边界。区别出哪些行为是系统的一部分以及哪些行为是由外部实体所执行的，以此来识别系统边界。
- 识别参与者。识别参与者的方法可以参照 4.2.2 节。
- 如果需要，将具有相同特征的参与者使用泛化关系加以组织。
- 如果需要，对某些参与者应用一个构造型以便加深理解。
- 将参与者应用到用例图中，并描述参与者与用例间的通信路径。

2. 对系统的需求建模

需求是系统被期望完成的任务，一个行为良好的系统应该能够可靠地完成其所有的需求。用例图说明了系统应该提供的行为，而不关心每个用例内部对于那些需求是以怎样的方式实现的。这样的方式使得在需求分析之后可以根据用户需求或系统需求快速进行建模,搭建用例框架,为整个系统的设计奠定良好的基础。

　　陈述系统的需求等同于建立了一份系统外部的事物和系统之间的规约,这份规约规定了系统需要提供给外部用户的操作。外部的用户不关心系统内部如何工作,只关注它应该启动什么,系统应该向它反馈什么。一个完善的系统应该保证可以正确处理外部用户的所有需求,反馈结果的正确也就意味着该结果应该是有意义、可预料的,就像没有一个正常使用系统的用户会希望在输入账号和错误的密码后仍可正确登录一样。但在对系统的需求进行建模时,无须考虑实现细节,只需要知道"用户需要系统存在登录操作"这个逻辑,就可以把"登录系统"作为一个用例记录下来。至于它的正确执行和良好反馈,就需要在软件开发的设计阶段来进行完善了。

　　需求可以有各种各样的表达方式,例如文字、表格、事件流等。一般来说,用例可以适应绝大多数的情况,所以我们可以放心地直接用用例代表需求。如果有例外的情况,那就是用例一般不负责表达系统对部署环境部分等细节部分的要求。在对系统的需求进行建模的时候,可以遵循以下方案:

- 识别参与者。通过识别系统周围的参与者来确定系统边界并建立系统语境。
- 对于某个参与者,考虑其期望系统提供的行为或与系统的交互。
- 将行为提炼成用例。
- 完善其他用例。分解用例中的公共行为与扩展行为,放入新的用例中以供其他用例使用。
- 创建用例图。将用例、参与者与它们的关系建模成用例图。
- 如果需要,在用例图中添加一些注释或约束来陈述系统的非功能需求。

4.4.2　用例图使用要点

建立一个结构良好的用例图,需要注意以下要点:

- 构建结构良好的用例。用例图中应该只包含对系统而言必不可少的用例与相关的参与者。
- 用例的名称不应该简化到使读者误解其主要语义的程度。
- 在元素的摆放时,应尽量减少连接线的交叉,以提供更好的可视化效果。
- 组织元素时应使在语义上接近的用例和参与者在图的位置上也同样接近,便于读者理解用例图。
- 可以使用注释或给元素添加颜色等方式突出图中相对重要的内容。
- 用例图中不应该有太多的关系种类。一般来说,如果用例图中有很复杂的包含与扩展关系,可以将这一元素单独放在一张用例图中,也可以只保留关键的几个关系,将其他关系在用例描述中进行表述。

　　另外,需要注意用例图只是系统的用例视图中的一个图形表示。也就是说,一个单独的用例图不必包含用例视图的所有内容,当系统十分复杂的时候,可以使一个用例图表示系统的一个方面(子系统),使用多个用例图共同来表示系统的用例视图。

视频讲解

4.5 实验：绘制"机票预订系统"的用例图

为了加深读者对用例图概念的理解,本节从一个具体情境出发,展示一个用例图的创建过程。下面就以某机票预订系统为例进行相关说明[①]。

1. 情境说明

机票预订系统是某航空公司推出的一款网上购票系统。其中,未登录的用户只能查询航班信息,已登录的用户还可以网上购买机票,查看行程,也可以退订机票。系统管理员可以安排系统中的航班信息。此外,该购票系统还与外部的一个信用评价系统有交互。当某用户一个月之内退订两次及以上的机票时,需要降低该用户在信用评价系统中的信用等级。当信用等级过低时,则不允许该用户再次购买机票。

2. 确定参与者

在了解完系统语境后,首先应该分析确定系统中的参与者。根据系统的背景说明,我们可以分析出需要订票的用户肯定要参与其中,并且用户根据是否已登录有不同的系统使用权限。负责安排航班信息的管理员和与系统产生交互的外部信用评价系统也应该属于系统的参与者。

通过以上分析可以得出,系统主要有三类参与者,分别是用户、管理员与信用评价系统。其中,用户包括游客与注册用户,表示为参与者的泛化关系。由于用户一定属于二者其中之一,故用户应该是一个抽象参与者。将参与者画到用例图中,如图 4-11 所示。

图 4-11　确定参与者

---

① 本书中第 5 章到第 13 章的最后一小节均采用这一设想的情境来进行实例讲解。

3. 确定用例

分析出系统中的参与者之后，就可以通过分析每个参与者是如何使用系统确定系统中的用例。在本系统中，游客可以注册系统和查询航班信息；注册用户可以登录系统、查询航班信息、购买机票、查看行程和退订机票；管理员可以登录系统和设定航班安排；信用评价系统可以修改和检查信用等级。需要注意的是，修改和检查信用等级的用例并非是由信用评价系统主动触发的，信用评价系统对这两个用例而言只是副参与者。将用例添加到用例图中并与其参与者之间建立关联关系，如图 4-12 所示。

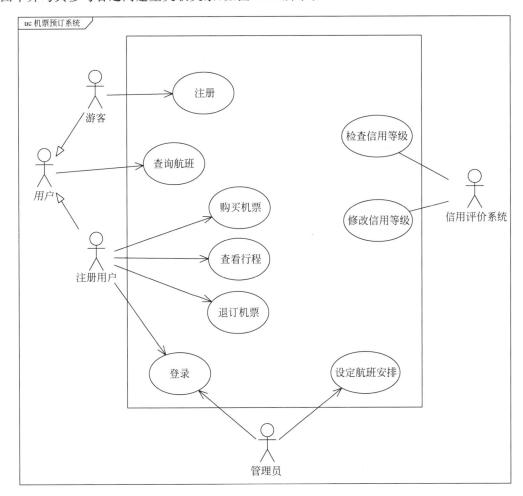

图 4-12 确定用例

4. 确定用例之间的关系

在确定完所有用例之后，需要具体考虑各个用例的工作流程从而添加用例之间的依赖关系，以此保证模型的高内聚与低耦合。对于机票预订系统，我们注意到"购买机票"用例在执行时需要先查询相关的航班信息然后再选择感兴趣的航班购票，并且在购票前需要检查该用户的信用等级是否足够高，因此该用例与"查询航班"用例和"检查信用等级"用例之间可以分别建立包含关系。此外，在退订机票时，如果这是该用户本月第二次以上的退订，那么需要降低该用户的信用等级，由于这一关系是有条件的，所以二者构成扩展关系。将这些关系添加到用例图中，形成最终的用例图，如图 4-13 所示。

图 4-13　系统最终用例图

小结

　　本章开篇用大篇幅详细介绍了 UML 中用例的概念、设计方法和注意事项。讲解了用例图的绘制方式，讲述如何将核心元素（参与者、用例、关系等）加入用例图中。给出各个符号与标记的定义，并举例解释其含义。提供了两种最常用的用例图建模技术，分别为对语境建模和对需求建模，其中的流程和经验请读者仔细体会。最后给出具体案例中创建用例图的详细过程。

习题 4

1. 选择题

（1）以下各项中，（　　）不是用例图适于表达的内容。
A. 参与者　　　　B. 事件流　　　　C. 用例关系　　　　D. 系统边界

（2）下列关于用例图的描述，错误的是（　　）。
A. 用例图表示系统的行为
B. 用例在用例图中使用椭圆表示
C. 参与者在用例图中使用小人表示
D. 一般使用从用例指向参与者的箭头表示启动关系

（3）在进行某网上商店的用例图绘制时，（　　）是一个不合适的用例。
A. 打开页面　　　B. 购买商品　　　C. 管理订单　　　D. 搜索商品

（4）下面不是用例图组成要素的是（　　）。
A. 用例　　　　　B. 参与者　　　　C. 泳道　　　　　D. 系统边界

（5）下列说法中，不正确的是（　　）。
A. 用例和参与者之间的对应关系是关联关系，它表示参与者使用了系统的用例
B. 参与者指的是人，不能是子系统和时间等概念
C. 特殊需求指的是一个用例的非功能需求和设计约束
D. 在扩展关系中，基础用例提供了一个或多个插入点，扩展用例在这些插入点中提供了另外的行为

（6）下面不属于用例图的作用的是（　　）。
A. 展示软件的功能
B. 展示软件的特性
C. 展示软件使用者与软件功能的关系
D. 展示软件功能之间的关系

（7）下列不属于构成用例图的要素的是（　　）。
A. 包含　　　　　B. 参与者　　　　C. 用例　　　　　D. 关系

（8）对于 ATM 系统的"取款"用例（客户通过插入银行卡并输入正确的密码从 ATM 机中成功取款的过程），（　　）应该作为该用例的参与者。
A. ATM 机　　　　B. 银行工作人员　　C. 取款客户　　　D. 取款

（9）在用例图中，下列 UML 关系在用例之间不会出现的项是（　　）。
A. 关联关系　　　B. 泛化关系　　　C. 包含关系　　　D. 扩展关系

（10）包含关系是在（　　）关系的基础上通过添加构造型实现的。
A. 关联关系　　　B. 泛化关系　　　C. 实现关系　　　D. 依赖关系

2. 判断题

（1）参与者位于系统边界外，并不是系统的一部分。　　　　　　　　　　（　　）

（2）在用例图中，一个参与者一定对应于现实中的某个特定对象。　　　　（　　）

（3）用例图中的参与者可能对应于现实世界中的人，也可能是其他与系统有交互的事物。　　　　（　　）

（4）参与者就是那些为系统提供输入的人或事物。　　　　（　　）

（5）在用例图中，用例必须由相应的参与者来发起或执行。　　　　（　　）

（6）在绘制用例图时，其中用例的粒度越细越好。　　　　（　　）

（7）用例的包含关系与扩展关系在表示法上相似，都是将虚线箭头从基用例指向包含用例（扩展用例）。　　　　（　　）

（8）如果两个用例构成包含关系，则在基用例执行过程中，包含用例一定会执行至少一次。　　　　（　　）

（9）用例元素本身就可以描述该用例所表达的事件或交互过程。　　　　（　　）

（10）用例描述中的前置条件与后置条件分别指的是用例执行前和执行后系统与参与者所处的状态。　　　　（　　）

3. 简答题

（1）什么是用例图？用例图有什么作用？

（2）简述用例图的一般建模流程。

（3）用例和用例之间存在什么关系，分别在什么时候使用？

（4）什么是用例描述？用例描述包括哪些主要部分？

4. 应用题

（1）某个学生成绩管理系统的部分参与者和用例总结如下。

教务管理人员：

① 登录系统。

② 教师、学生名单管理。

③ 学期教学计划管理。

④ 成绩管理。

⑤ 课程分配，每次课程分配时都必须打印任课通知书。

学生：

① 登录系统。

② 选课。

教师：

① 登录系统。

② 成绩管理，并且可以选择是否生成成绩单。

请根据以上信息画出该系统的用例图。

（2）某银行储蓄系统需求说明如下：

① 开户。客户可填写开立账户申请表，然后交由工作人员验证并输入系统。系统会建立账户记录，并会提示客户设置密码（若客户没做设置，则会有一个默认密码）。如果开户成功，系统会打印一本存折给客户。

② 密码设置。在开户时客户即可设置密码。此后,客户在经过身份验证后,还可修改密码。

③ 存款。客户可填写存款单,然后交由工作人员验证并输入系统。系统将建立存款记录,并在存折上打印该笔存款记录。

④ 取款。客户可按存款记录逐笔取款,由客户填写取款单,然后交由工作人员验证并输入系统。系统首先会验证客户身份,根据客户的账户、密码,对客户身份进行验证。如果客户身份验证通过,则系统将根据存款记录累计利息,然后注销该笔存款,并在存折上打印该笔存款的注销与利息累计。

请根据以上信息绘制出系统的用例图。

(3)某图书借阅管理系统需求说明如下:

① 管理员应建立图书书目,以提供图书检索的便利。一条书目可有多本同 ISBN 号的图书,每本图书只能对应于一个书目。

② 图书可被读者借阅。读者在办理图书借阅时,管理员应记录借书日期,并记录约定还书日期,以督促读者按时归还。一个读者可借阅多本图书,一本图书每次只能被一个读者借阅。

③ 图书将由管理员办理入出库。图书入出库时,应记录图书状态变更,如:存库、外借,并记录变更日期。一个管理员可办理多本图书入出库,但一本图书的某次入出库办理,必须有确定的管理员经手。

试以上述说明为依据,请画出该系统的用例图。

第5章

类　图

　　类图用来描述系统内各种实体的类型以及不同的实体之间是如何彼此关联的,显示了系统的内部静态结构,因此类图的描述对于系统的整个生命周期都是有效的。如果说用例图是系统的"面子",那么类图就是系统的"里子"。类图不仅包含了系统定义的各种类,还包含了各种关系,如关联、泛化和依赖等。类图大部分涉及对系统的词汇建模、对协作建模或对模式建模。作为面向对象系统的建模中最常见的图,类图是组件图与部署图的基础,它不仅对结构模型的可视化、详述和文档化很重要,而且对通过正向与逆向工程构造可执行的系统也很重要。

5.1　什么是类图

　　类图(class diagram)是显示一组类、接口、协作以及它们之间关系的图。一个类图主要通过系统中的类以及各个类之间的关系来描述系统的静态结构。

　　类图与数据模型有许多相似之处,区别就在于类不仅描述了系统内部信息的结构,也包含了系统的内部行为,系统通过自身行为与外部事物进行交互。

　　类图主要包含七种元素:类、接口、协作、依赖关系、泛化关系、实现关系和关联关系。类图中还可以含有包或子系统,用来把模型元素聚集成更大的组块。与其他 UML 图类似,类图同样可以创建约束和注释等。图 5-1 显示了一个类图,读者可以在学习完本章全部内容之后再来尝试阅读这个类图所描述的情境。

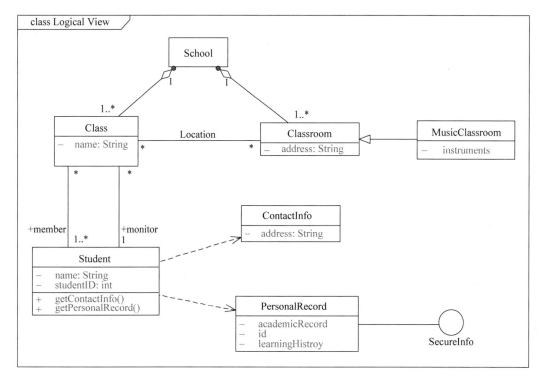

图 5-1　类图

5.2　类图的组成元素

本节将重点介绍类图的组成元素：类、接口以及类图中的四种关系。

5.2.1　类

类（class）是一组拥有相同的属性、操作、方法、关系和行为的对象描述符。一个类代表了被建模系统中的一个概念。根据模型种类的不同，此概念可能是现实世界中的（对于分析模型），也可能是包括算法和计算机实现的概念（对于设计模型）。类是面向对象系统组织结构的核心。

类定义了一组有着状态与行为的对象。类的状态由属性和关联来描述，个体行为由操作来描述，对象的生命周期则由附加给类的状态机来描述。

在 UML 中，类表达成一个有三个分隔区的矩形。其中顶端显示类名（name），中间显示类的属性（attribute），尾端显示类的操作（operation），如图 5-2 所示。其中，可选择显示属性和操作的可见性、属性类型、属性初始值、操作的参数列表和操作的返回值等信息。此外，也可以选择隐藏类的属性或操作部分，隐藏了这两部分的类简化为一个只显示类名的矩形，如图 5-3 所示。

图 5-2　类　　　　　　　　图 5-3　隐藏属性和操作的类

1. 类名

每个类都必须有一个区别于其他类的名称。类名是一个文本串，在实际应用中，类名应该来自系统的问题域，选择从系统的词汇表中提取出来的名词或名词短语，明确而无歧义，便于理解交流。

类名有两种表示方法：使用单独的名称叫作简单名（simple name），如图 5-2 中的 Person；在类名前边加上包的名称，如 java::awt::Rectangle，叫作路径名（path name），表示 Rectangle 类属于 awt 包，而 awt 包又属于 java 包。

按照一般约定，类名一般采用 UpperCamelCase 格式，即以大写字母开头，大小写混合，每个单词首字母大写，避免使用特殊符号。

注意：关于类的路径名，请参考第 7 章有关包的内容。

2. 属性

属性是已被命名的类的特性，它描述了该特性的实例可以取值的范围。类可以有任意数量的属性，也可以没有任何属性。属性描述了类的所有对象所共有的一些特性。例如，每一面墙都有高度、宽度和厚度三个属性。因此，一个属性是对类的一个对象可能包含的一种数据或状态的抽象。在一个给定的时刻，类的一个对象将对该类属性的每个属性具有特定值。

在 UML 中，描述一个属性的语法格式为：

可见性$_{opt}$ 属性名⌊: 类型⌋$_{opt}$ 多重性$_{opt}$⌊＝初始值⌋$_{opt}$⌊{特性}⌋$_{opt}$

注意：下标 opt 在这里表示"可选"，即可以省略下标前的项。括号"⌊⌋"表示括号内部的短语是一个整体。本书在下文中说明语法格式时同样会用到这些符号，请读者注意。

属性名是属性的标识符。在描述属性时，属性名是必需的，其他部分可选。按照一般约定，属性名采用 lowerCamelCase 格式，即以小写字母开头，非首单词的首字母大写。用下画线标识的属性名，说明该属性是静态（static）属性，即该类的所有对象之间共享该属性。

可见性描述了该属性在哪些范围内可以被使用。属性的可见性有公有、私有和保护三种，如表 5-1 所示。例如，-attr 就表示一个私有属性 attr。

表 5-1　属性可见性

可见性	英文限定符	UML 标准图示	说　　明
公有	public	＋	其他类可以访问
私有	private	－	只对本类可见，不能被其他类访问
保护	protected	♯	对本类及其派生类可见

类型即属性的数据类型,可以是系统固有的类型,如整型、字符型等,也可以是用户自定义的类型。属性的类型决定了该属性的所有可能取值的集合。例如,length:double 即表示一个 double 类型的属性 length。对于用于生成代码的类图,要求类的属性类型必须限制在由编程语言提供的类型或包含于系统中实现的模型类型之中。

属性的多重性表示为一个包含于方括号中的数字表达式,位于类型名后,相当于编程语言中的数组概念。例如,nums:int[10]表示此属性是一个大小为 10 的 int 数组。当然,如果多重性为 1,则可以省略。

初始值作为创建该类对象时这个属性的默认值。例如,num:int=3 就表示了 int 类型的 num 属性的初始值是 3。设定初始值有两个好处,即保护系统完整性,防止漏掉取值或被非法值破坏系统完整性,以及为用户提供易用性。

特性即对属性性质的约束,UML 定义了三种可以用于属性的特性:可变(changeable)表示属性可以随便修改,没有约束;只增(addOnly)表示该属性修改时可以增加附加值,但不允许对值进行消除或进行减的改变;冻结(frozen)表示在初始化对象后,就不允许改变属性值,对应于 C++ 中的常量(const)。除非另行指定,否则属性总是可变(changeable)的。例如,PI:double=3.1415926{frozen}就表示一个不可修改的属性 PI。

3. 操作

操作是一个可以由类的对象请求以影响其行为的服务的实现,也即是对一个对象所做的事情的抽象,并且由这个类的所有对象共享。操作是类的行为特征或动态特征。一个类可以有任意数量的操作,也可以没有操作。调用对象的操作会改变该对象的数据或状态或者为服务的请求者以返回值为承载提供某些信息。

UML 对操作和方法做了区别。操作详述了一个可以由类的任何一个对象请求以影响行为的服务;方法是操作的实现。类的每个非抽象操作必须有一个方法,这个方法的主体是一个可执行的算法(一般用某种编程语言或结构化文本描述)。在一个继承网格结构中,对于同一个操作可能有很多方法,并在运行时多态地选择层次结构中的哪一个方法被调用。

在 UML 中,描述一个操作的语法格式为:

可见性 opt 操作名⌊(参数列表)⌋opt⌊:返回类型⌋opt⌊{特性}⌋opt

操作名是操作的标识符。在描述操作时,操作名是必需的,其他部分可选。在实际建模中,操作名一般是用来描述该操作行为的动词或动词短语,命名规则与属性相同。同样地,用下画线标识的操作名,说明该操作是静态操作,即外部只需要通过类就可以调用该操作,不需要事先生成对象。而操作名是斜体则表示操作是抽象的。

可见性同样描述该操作在哪些范围内可以使用,与属性的可见性相同。例如,+oper()就表示此操作是一个公有操作。

参数列表是一些按照顺序排列的属性,定义了操作的输入。参数列表的表示方式与C++、Java 等编程语言相同,可以有零到多个参数,多个参数之间以逗号隔开。参数的定义方式使用"[方向]参数名:类型[=默认值]"的方式,方向可以取 in(输入参数,不能对其进行修改)、out(输出参数,为了与调用者通信可以对其进行修改)和 input(输入参数,可以对其进行修改)三个可选值。参数可以具有默认值,这意味着如果操作的调用者没有提供某个具有默认值的参数的值，该参数将使用指定的默认值。例如，oper(out arg1：int，arg2：double＝3.2)表示操作 oper 有两个参数，其中第一个参数是 int 类型的输出参数，第二个参数类型为double，默认值为 3.2。

返回类型即回送调用对象消息的类型。无返回值时，一般的编程语言会添加 void 关键字表示无返回值。例如，oper()：String 表示该操作的返回类型是 String 类型。

特性是对操作性质的约束说明。在 UML 中，定义了以下几种可用于操作的特性。

- 叶子(leaf)：代表操作不是多态的，即不能被重写，对应于 C++ 中的非虚函数。
- 查询(isQuery)：代表操作的执行不会改变系统的状态。换句话说，这样的操作是完全没有副作用的纯函数，对应于 C++ 的函数的 const 限定符。
- 顺序(sequential)：调用者必须协调好外部的对象，以保证在一个对象中一次仅有一个流。在多控制流的情况下，不能保证对象的语义和完整性。
- 监护(guarded)：在多控制流的情况下，通过将对象的各监护操作的所有调用进行顺序化来保证对象的语义和完整性。其效果是一次只能调用对象的一个操作，这又回到了顺序语义。
- 并发(concurrent)：在多控制流的情况下，通过把操作作为原子来保证对象的语义和完整性。对任何并发操作，来自并发控制流的多个调用可能同时作用于一个对象，而且所有操作都可以用正确的语义并发运行。并发操作必须设计为：在对同一个对象同时进行顺序的或监护的操作的情况下，它们仍能正确地执行。

以上的顺序、监护与并发三个特性表达的是操作的并发语义，是一些仅与主动对象、进程或线程的存在有关的特性。

4. 职责

职责(responsibility)是类的契约或责任。当创建一个类时，就声明了这个类的所有对象具有相同种类的状态和相同种类的行为。在较高的抽象层次上，这些相应的属性和操作正是要完成类的职责的特征。

类可以有任意数目的职责，当精化模型时，要把这些职责转换成能很好地完成这些职责的一组属性和操作。类的职责是自由形式的文本，在非正式的类图中，可以将职责列在类图操作下的另一分割栏中，如图 5-4 所示。

图 5-4　职责

5.2.2　接口

接口(interface)是一个被命名的操作集合，用于描述类或组件的一个服务。接口不同于任何类或类型，它不描述任何结构，因此不包含任何属性；也不描述任何实现，因此不包含任何实现操作的方法。像类一样，接口可以有一些操作。一个类可以支持多个接口，多个接口可以是互斥的，也可以是重叠的。接口中没有对自身内部结构的描述，因此，接口没有私有特性，它的所有内容都是公共的。

接口代表了一份契约，实现该接口的类元必须履行它。例如，当我们设计一个窗口界面时，可能窗口中有一些控件是允许用户拖动的，这时可以定义接口 draggable，所有可拖动的控件都需要实现这一接口。

与类相似,接口可以有泛化。子接口包含其祖先的全部内容,并且可以添加额外的内容。与类不同的是,接口没有直接实例。也就是说,不存在属于某个接口的对象。

在 UML 中,接口由一个带名称的小圆圈表示,如图 5-5 所示。接口名与类名相似,同样存在简单名和路径名两种表示法。为了显示接口中的操作,接口可以表示为带有<< interface >>构造型的类,如图 5-6 所示。

Observer

«interface» **Observer**
+　　update()

图 5-5　接口的圆圈表示法　　　　图 5-6　接口的"构造型的类"表示法

5.2.3　类图中的关系

在类图中,很少有类是独立为系统发挥作用的,大部分的类以某些方式彼此协作进行工作。因此,在进行系统建模时,不仅要抽象出形成系统词汇的事物,还必须对这些事物之间的关系进行建模。

类图中涉及了 UML 中最常用的四种关系,即关联关系、泛化关系、依赖关系和实现关系。

1. 关联关系

关联关系是两个或多个类元之间的关系,它描述了这些类元的实例间的连接。关联的实例被称为链(link),每个链由一组有序或无序的对象组成;也就是说,如果一些对象之间存在链,那么这些对象所属的类之间必定存在关联关系。关联关系靠近被关联元素的部分称为关联端,关联的大部分描述都包含在一组关联端的列表里,每个端用来描述关联中类的对象的参与。关联将一个系统模型组织在一起,如果没有关联,便只有一个由孤立的类组成的集合。

最普通也是最常用的关联关系是二元关联,二元关联即有两个关联端的关联关系。图 5-7 显示了一个二元关联。二元关联使用一条连接两个类边框的实线段表示(通常是直线段,但也允许使用弧线或其他曲线),这条实线段称为关联路径。对于一个二元关联,除关联路径外,其他描述该关系的内容都是可选的。

图 5-7　二元关联

特别地,一个类与自身的关联称为自关联。自关联不代表类的实例与其自身相关,而是类的实例与其他实例之间有关。自关联同样拥有两个关联端,因此可以看作是二元关联的一种特例。如图 5-8 所示，Student 类存在一个自关联，表示某些学生是其他学生的班长。描述自关联的内容的表示法与二元关联相同。

当三个或以上的类之间存在关联关系时，便无法使用二元关联的表示法了，此时称之为 N 元关联。N 元关联表示为一个菱形，从菱形向外引出通向各个参与类的路径。图 5-9 显示了一个三元关联关系，表达了学生在学期内选修某个教授的课程的关系。

图 5-8　自关联　　　　　　　　　　　图 5-9　三元关联

建议：N 元关联在理解上不如二元关联直观，初学者也容易误用，并且绝大部分 N 元关联都可以被重新建模成为多个二元关联。因此不建议在建模中使用 N 元关联，以免引起不必要的错误。

除连接类元素的关联路径外，还有很多可选内容可以对关联关系的语义进行进一步的细化和精确化，下面将对这些内容进行详细介绍。

1) 关联名称

关联可以有一个名称（关联名称并不是必需的），关联名称放在关联路径的旁边，但远离关联端，以免引起视觉上的混淆。关联关系上的构造型同样是将构造型名称放在双尖括号（<< >>）内表示，可以放在关联名称前或替代关联名称。

2) 角色

角色名放在靠近关联端的部分，表示该关联端连接的类在这一关联关系中担任的角色。具体来说，角色就是关联关系中一个类对另一个类所表现的职责。比如，Person 类和 Room 类建立了一个用来表示人在室内工作所产生的关联，那么 Room 类就可以用 Office（办公室）作为角色名，Person 类可以用 Worker（工作者）作为角色名，如图 5-10 所示。另外，角色名也可使用可见性修饰符号＋、♯和－来表示角色的可见性。

图 5-10　角色名

3) 多重性

多重性（multiplicity）同样放在靠近关联端的部分，表示在关联关系中源端的一个对象可以与目标类的多少个对象之间有关联。在 UML 中，多重性的格式为"min..max"，其中，min 和 max 分别表示该端最少和最多可以有多少对象与另一端关联。常用的多重性有 0,1,0..1（0 或 1）、0..*（0 或更多）、1..*（1 或更多）、*（0 或更多）等。图 5-11 显示了

Student 类与 School 类的关联关系的多重性,即一个学校可以有一个或更多个学生,而一个学生可能在 0 所或更多所学校中学习。

图 5-11　多重性

4) 导航性

导航性(navigation)是一个布尔值,用来说明运行时刻是否可能穿越一个关联。对于二元关联,当对一个关联端(目标端)设置了导航性就意味着可以从另一端(源端)指定类型的一个值得到目标端的一个或一组值(取决于关联端的多重性)。对于二元关联,只有一个关联端上具有导航性的关联关系称为单向关联(unidirectional association),通过在关联路径的一侧添加箭头来表示;在两个关联端上都具有导航性的关联关系称为双向关联(bidirectional association),关联路径上不加箭头。使用导航性可以降低类间的耦合度,这也是好的面向对象分析与设计的目标之一。图 5-12 显示了一种导航性的使用场景,这代表一个订单可以获取到该订单的一份产品列表,但一个产品却无法获取到哪些订单包括了该产品。

图 5-12　导航性

5) 限定符

限定符(qualifier)是二元关联上的属性组成的列表的插槽,其中的属性值用来从整个对象集合里选择一个唯一的关联对象或者关联对象的集合。存在限定符的关联称为限定关联(qualified association)。一个对象连同一个限定符一起,决定一个唯一的关联对象或对象的子集(比较少见)。被限定符选中的对象称为目标对象。限定符总是作用于目标方向上多重性为“多”的关联中。在最简单也是最常见的情况下,每个限定符只从目标关联对象集合中选择一个对象,这样就将关联对象方向上的多重性从 0..＊ 降到了 0..1。也就是说,一个受限定对象和一个限定值映射到一个唯一的关联对象。举个简单的例子,数组就可以被建模成一个受限定的关联。数组是受限定对象,数组下标就是限定符,而数组元素就是目标对象,如图 5-13 所示。

图 5-13　限定符

6) 关联的约束

两个关联关系之间也可以有约束,约束用连接两个关联关系路径的虚线表示,并带有大括号包围的约束字符串。如果约束有方向性,可在通过虚线上添加箭头来表示。图 5-14 显示了两个关联关系之间存在的异或约束，表示个人与公司不允许拥有同一个银行账户，即同一个 Account 类对象不能同时与 Corporation 类对象和 Person 类对象都有关联。

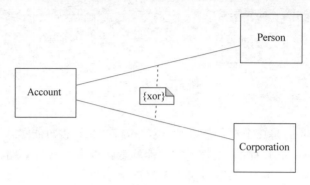

图 5-14　二元约束

7) 特殊的关联——聚合与组合

在一个简单的二元关联中，两个类的"地位"是同等的，即在概念上是同级别的。有时候我们需要对"整体-部分"的关系建模，即一个描述整体的对象由一些描述部分的对象组成，这种关系称为聚合（aggregation）。聚合关系是一种特殊形式的关联关系，用来表示一个"整体-部分"的关系。需要注意的是，聚合关系没有改变整体与部分之间整个关联的导航含义，也与整体和部分的生命周期无关。也就是说，在聚合关系中，"部分"可以独立于"整体"存在。在 UML 中，通过在关联路径上靠近表示"整体"的类的一端上使用一个小空心菱形来表示。如图 5-15 所示，ClassRoom（教室）类与 Desk（课桌）类之间构成一个聚合关系，即教室中有许多课桌，当教室对象不存在时，课桌同样可以作为其他用途，二者是独立存在的。

另外，聚合关系的实例应该具有传递性与反对称性。

- 传递性：如果对象 A 与对象 B 之间有一条链，B 与 C 之间有一条链，并且两条链是同一个聚合关系的实例，那么 A 与 C 之间也存在一条链。
- 反对称性：聚合关系的链不能将对象连接到自己，即聚合关系的实例不能成环。需要注意的是，这里说的是聚合关系的实例，而非聚合关系本身。事实上，聚合关系可以成环。

组合关系（composition）描述的也是整体与部分的关系，它是一种更强形式的聚合关系，又被称为强聚合。与聚合关系的区别在于，在组合关系中的部分要完全依赖于整体。这种依赖性主要表现在两个方面：部分对象在某一特定时刻只能属于一个组合（整体）对象；组合对象与部分对象具有重合的生命周期，组合对象销毁的时候，所有从属部分必须同时销毁。如图 5-16 所示，Window（窗口）类与 Frame（框架）类之间构成组合关系，Frame 必须附加在 Window 中存在，当一个 Window 被删除时，其中的 Frame 部分也必须被删除。

图 5-15　聚合关系　　　　　　　　图 5-16　组合关系

在实际建模过程中,使用聚合还是组合,需要根据应用场景和需求分析描述的上下文来灵活确定。其实,聚合和组合对于绝大多数面向对象的编程语言来说,并没有实质的区别,因此不必过于执着于此。

8) 派生关联

派生关联(derived association)属于一种派生元素(derived element)。它不增加语义信息,只是一种可以由两个或两个以上的基础关联推算出来的虚拟关联。如图 5-17 所示,WorksForCompany 关联可以根据另外两个关联推算得出。该关联关系表示如果一个人为某个部门工作,而此部门又属于某公司,则可以得出这个人是在为此公司工作,表示为派生关联关系 Person. employer=Person. department. employer。

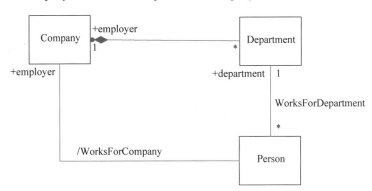

图 5-17 派生关联

建议:由于派生关联在模型中不增加任何语义关系,大量的派生关联在视觉上容易导致混淆从而降低可读性,因此不要在建模过程中大量使用。建议只有对于在建模过程中频繁使用的少数派生关联才在模型上显式画出,并最好给予注释说明以避免混淆。

2. 泛化关系

泛化关系定义为一个较普通的元素与一个较特殊的元素之间的类元关系。其中描述一般的元素称为父,描述特殊的元素称为子。对于类而言,即为超类(或称父类)与子类之间的关系。例如,猫和狗都是宠物的一种,因此对其建模时,宠物类作为父类,猫和狗作为子类。另外,接口之间也可以存在泛化关系,即子接口与父接口的关系。

泛化关系描述了一种"is-a-kind-of"(是……的一种)关系,它的使用有利于简化有些类的描述,可以不必重复添加大量相同的属性和操作等特性,而是通过泛化对应的继承机制使子类共享父类的属性和操作。继承机制减小了模型的规模,同时也防止了模型的更新所导致的定义不一致的意外。需要注意的是,泛化与继承是类级别上的概念,因此不能说对象之间存在泛化关系。

在 UML 中,泛化关系通过一个由子类指向父类的空心三角形箭头表示,如图 5-18 所示。图中 Tiger 类和 Bird 类继承了 Animal 类的属性和操作,还添加了属于自己的某些属性和操作。当存在多个泛化关系时,可以表示为一个树结构,每个分支指向一个子类。

泛化是一种传递的、反对称的关系。泛化的传递性表现在一个类的子类同样继承了这个类的特性。在父方向上经过了一个或几个泛化的元素被称为祖先,在子方向上则被称为后代。泛化的反对称性表现在泛化关系不能成环,即一个类不可能是自己的祖先和自己的后代。

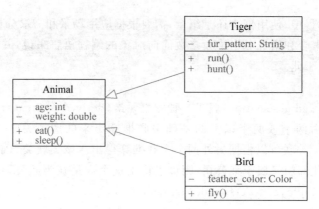

图 5-18　泛化关系

泛化关系有两种情况。在最简单的情况下，每个类最多能拥有一个父类，这称为单继承。而在更复杂的情况中，子类可以有多个父类并继承了所有父类的结构、行为和约束。这被称为多重继承（或多重泛化），其表示法如图 5-19 所示。

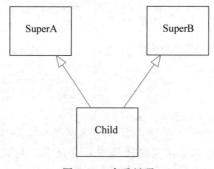

图 5-19　多重继承

建议：不同的编程语言对于多重继承的支持性各有不同。例如，C++支持多重继承，而Java、C♯则不支持。并且，使用多重继承容易出现子类中某些属性或操作的二义性问题，因此不建议使用多重继承。读者可以参考 Java 或 C♯ 中的解决方法，即子类继承于唯一的父类，并可以实现多个接口，来达到多重继承的效果。

3. 依赖关系

依赖关系表示的是两个元素之间语义上的连接关系。对于两个元素 X 和 Y，如果元素X 的变化会引起对另一个元素 Y 的变化，则称元素 Y 依赖于 X。其中，X 被称为提供者，Y被称为客户。依赖关系使用一个指向提供者的虚线箭头来表示，如图 5-20 所示。

图 5-20　依赖关系

对于类图而言，主要有以下需要使用依赖的情况：
- 客户类向提供者类发送消息。

- 提供者类是客户类的属性类型。
- 提供者类是客户类操作的参数类型。

建议: 由于依赖关系语义的宽泛性,在类图中要标记出所有的依赖关系是一件费时费力的事情,并且会降低模型的可读性。因此建议在类图中尽量不使用依赖关系。

4. 实现关系

实现关系用来表示规格说明与实现之间的关系。在类图中,实现关系主要用于接口与实现该接口的类之间。一个类可以实现多个接口,一个接口也可以被多个类实现。

在 UML 中,实现关系表示为一条指向提供规格说明的元素的虚线三角形箭头,如图 5-21 所示。图中表示了 Wall 类实现了 Measurable 接口,即在 Wall 类中要实现接口中三个操作的声明。当接口元素使用小圆圈的形式表示时,实现关系也可以被简化成一条简单的实线,如图 5-22 所示。

图 5-21 实现关系

图 5-22 实现关系的简化表示

5.2.4 类的高级概念

1. 抽象类

抽象类(abstract class)即不可实例化的类,也就是说,抽象类没有直接的实例。当某些类有一些共同的方法或属性时,可以定义一个抽象类来抽取这些共性,然后将包含这些共性方法和属性的具体类作为该抽象类的继承。

操作也有类似的特性。通常操作是多态的,这意味着,在类的层次中,可以用相同的特征标记在层次的不同位置上描述操作。子类的操作重写父类的操作的行为。当运行中要发送消息时,在这个层次中被调用的操作就被多态地选择,即在运行时按照对象的类型决定匹配的操作。

在 UML 中,抽象类和抽象操作的表示方法是将类名和操作名用斜体表示。如图 5-23 所示,类 Drawing 和 Shape 是抽象类,Drawing 类下的 draw()操作和 Shape 类下的 getArea()操作是抽象操作。

2. 模板类

模板(template)又称为参数化元素(parameterized element),是对一类带有一个或者多个未绑定的形式参数的元素的描述。C++ 中的模板概念和 Java 中的泛型(generic)概念都表达了这种元素。模板参数化可以应用于类元(如类和协作)、包和操作,模板应用在类上是最为常用的,称为模板类。

模板类可以解决这样的问题:根据参数来定义类,而不用说明属性和操作参数及返回值的具体类型,使用时通过实际值代替参数即可创建新的类,这样就可以避免建立大量功能相似的类。在 UML 中使用带有<< bind >>构造型的依赖关系表示从模板类创建新的类。图 5-24 中的 Array 类就是带有 size 和 T 两个参数的模板类,并通过依赖关系创建了三个新的类。

图 5-23　抽象类

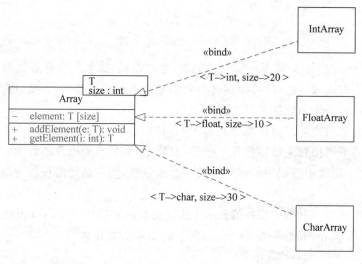

图 5-24　模板类

3．关联类

前面介绍了关联关系,关联关系本身也可以有特性。比如对于一个描述公司和员工的雇用关系中,存在着薪资和雇佣合同的开始及结束时间等属性,由于雇用关系是多对多的,所以这些属性既不属于公司类,也不属于员工类,而属于雇佣关系。这时可以创建一个具有类的特性的关联关系,UML 中称为关联类(association class)。关联类具有关联和类二者的特性,它既可以关联类元素,也可以拥有属性和操作。关联类在 UML 中被表示为一个类符号,并通过一条虚线连接到关联路径。对于 N 元关联,关联类通过虚线连接到菱形上。虚线上没有修饰内容。对本段开始时描述的场景设计类图即如图 5-25 所示。

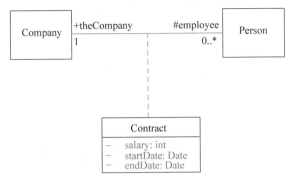

图 5-25 关联类

4．分析类

分析类是一个主要用于开发过程中的概念,用来获取系统中主要的"职责簇",代表系统的原型类,是带有某些构造型的类元素,包括边界类(boundary)、控制类(control)和实体类(entity)三种,表示法如表 5-2 所示。分析类在从业务需求向系统设计的转化过程中起到重要的作用,它们在高层次抽象出系统实现业务需求的原型,业务需求通过分析类逻辑化,被计算机所理解。

表 5-2 分析类

分析类	边界类	控制类	实体类
Icon 形式	NewClass	NewClass	NewClass
Label 形式	<<boundary>> NewClass	<<control>> NewClass	<<entity>> NewClass

边界类是一种用于对系统外部环境与其内部运作之间的交互进行建模的类。这种交互包括转换事件,并记录系统表示方式中的变更。一般来说,边界类的实例可以是窗口、通信协议、外部设备接口、传感器、终端等。总之,在两个有交互的关键对象之间都应当考虑建立边界类。在建模过程中,边界类有下列几种常用场景:

- 参与者与用例之间应当建立边界类。用例可以提供给参与者完成业务目标的操作只能通过边界类表现出来。例如,参与者通过一组网页、一系列窗口、一个命令行终端等才能使用用例的功能。

- 用例与用例之间如果有交互，应当为其建立边界类。如果一个用例需要访问另一个用例，直接访问用例内部对象不是一个良好的做法，因为这将导致紧耦合的发生。使用边界类可以使这种直接访问变为间接访问。在实现时，这种边界类可以表现为一组 API、一组 JMS 或一组代理类。
- 如果用例与系统边界之外的第三方系统等对象有交互，应当为其建立边界类，以起到中介的作用。

控制类是一种对一个或多个用例所特有的控制行为进行建模的类。控制类的实例称为控制对象，用来控制其他对象，体现出应用程序的执行逻辑。在 UML 中，控制类被认为主要起到协调对象的作用，例如，从边界类通过控制类访问实体类，协调两个对象之间的行为。在建模过程中，一般由一个用例拥有一个控制类或者多个用例共享同一个控制类，由控制类向其他类发送消息，进而协调各个类的行为来完成整个用例的功能。

实体类是用于对必须存储的信息和相关行为建模的类。简单来说，实体类就是对来自现实世界的具体事物的抽象。实体类的主要职责是存储和管理系统内部的信息，它也可以有行为，甚至很复杂的行为，但这些行为必须与它所代表的实体对象密切相关。实体类的实例称为实体对象，用于保存和更新一些现象的有关信息。实体类具有的属性和关系一般都是被长期需要的，有时甚至在系统整个生存周期内都需要。

5.3　应用类图建模

5.3.1　类图建模技术

类图用于对系统的静态设计视图建模。这种视图主要用于支持系统的功能需求，即系统要提供给最终用户的服务。当对系统的静态设计视图建模时，通常用以下三种方式使用类图。

1. 对系统的词汇建模

类可以对从试图解决的问题中或从用于解决该问题的技术中得到的抽象进行建模。这样的抽象是系统词汇表中的一部分，它们在整体上的描述对用户和系统开发人员来说都是很重要的。对系统的词汇建模主要需要考虑哪些抽象是系统的一部分，哪些抽象处于系统边界之外，并用类图详述这些抽象。为了对系统进行词汇建模，需做以下工作：

- 识别用户或系统开发人员用于描述问题或解决问题的那些实体。可以使用基于用例分析的技术帮助用户发现这些抽象。
- 对于每个抽象，识别一个职责集。要明确地定义每个类，而且这些职责要在所有的类之间进行很好的均衡。
- 提供为实现每个类的职责所需的属性和操作。

2. 对简单协作建模

类不是单独存在的，而是要和其他类一起协同工作，以便表达出单个类无法表达的语义。因此，除了捕获系统的词汇外，也需要将注意力转移到对词汇中的这些事物协同工作的各

种方式当中来,并用类图描述这些协作。为了对系统进行简单协作建模,需遵循以下策略:

- 识别要建模的机制。一个机制描述了正在建模的部分系统的一些功能和行为,这些功能起因于类、接口以及其他一些事物所组成的群体的相互作用。
- 识别元素及其关系。对于每种机制,分别识别参与协作的类、接口和其他协作,并识别这些事物之间的关系。
- 用脚本排演这些事物。通过这种方法,可发现模型的哪些部分被遗漏以及哪些部分有明显语义错误。
- 把元素和其包含的内容聚集在一起。对于类而言,要做好职责的平均分配,然后逐渐把它们转换成具体的属性和操作。

3. 对逻辑数据库模式建模

实体关系图(E-R 图)是一种用于逻辑数据库设计的通用建模工具,UML 的类图是 E-R 图的超集。传统的 E-R 图只针对数据,类图则更进了一步,也允许对行为建模。所以,类图显示的细节足以用来构造一个数据库。二者的区别在于:类图中的数据只能在系统的生存时间之内存在,而数据库中存储的则是永久数据。

对数据库模式建模,要遵循以下策略:

- 识别模型中那些必须超过应用程序生存时间的类作为永久数据存储。
- 创建一个包含这些类的类图。针对数据库中的特定细节,可以自己定义相关的构造型和标记值组合。
- 对类的结构细节进行细化。主要包括明确属性的细节、之间的关联及其多重性。
- 注意那些增加数据库设计复杂化的公共模式并尽量简化,如循环关联、一对一的关联和 N 元关联等。
- 考虑类的行为。这些行为主要包括对数据存取和数据完整性约束重要的操作。一般情况下,这些业务规则应该被封装在这些永久类的上一层中。

5.3.2 使用类图进行正向工程与逆向工程

视频讲解

建模是重要的,但最终要交付的产品是软件而不是图。因此,要让模型与软件实现相匹配,并使二者保持同步的代价减到最小。

正向工程是通过到实现语言的映射而把模型转换为代码的过程。由于 UML 所描述的模型在语义上要比当前任何的程序设计语言都要丰富,因此使用正向工程将模型转换为代码将导致一些信息丢失。

对类图进行正向工程,要遵循以下策略:

- 确定映射到实现语言的规则。
- 根据所选择的语言,限制某些 UML 的特性。例如,当所选择的语言是 Java 时,要禁止多重继承的使用。
- 使用标记值来帮助实现目标语言的细节。
- 使用工具生成代码。

逆向工程是通过从特定语言的映射而把代码转换为模型的过程。一方面,逆向工程会产生大量的冗余信息,其中一些对模型而言属于细节层次;另一方面,逆向工程是不完整的,因为在正向工程的过程中已经丢失了一部分模型信息,因此难以在代码中创建一个完整的模型。

对类图进行逆向工程,要遵循以下策略:

- 确定实现语言进行映射的规则。
- 指定要进行逆向工程的代码。期望从一大块代码中逆向生成一个简明的模型是不切实际的。应该选择部分代码,从底部建造模型。
- 使用工具,通过查询模型来创建类图。

人工为模型增加在逆向工程中丢失或隐藏的相关信息。

5.3.3　面向对象的设计原则

对于面向对象设计,要使系统的设计结果能适应系统的需求变化,使软件既灵活又便于维护。在面向对象方法的发展过程中,逐渐形成了几条公认的设计原则。在面向对象设计过程中,要遵循这几条原则。

注意:本部分内容是属于面向对象设计的范畴,本书放在这里讲解是为了便于结合类图进行实例的说明,并且提醒读者在设计模型的类图时要能够应用这几条原则从而设计出优秀的类图。

1. 开闭原则

开闭原则(Open-Closed Principle,OCP)是由 Bertrand Meyer 于 1988 年在其著作《面向对象软件构造》中提出的,原文是:"Software entities should be open for extension, but closed for modification."翻译过来就是:"软件实体应当对扩展开放,对修改关闭。"这个原则关注的是系统内部改变的影响,最大限度地使模块免受其他模块改变带来的影响。

通俗地讲,开闭原则就是软件系统中的各组件,应该能够在不修改现有内容的基础上,引入新功能。其中的"开",指的是对扩展开放,即允许对系统的功能进行扩展;其中的"闭",指的是对原有内容的修改是封闭的,即不应当修改原有的内容。由于系统需求很少是稳定不变的,开放模块的扩展可以降低系统维护的成本。封闭模块的修改可以让用户在系统扩展后可以放心使用原有的模块,而不必担心扩展会修改原模块的源代码或降低稳定性。

为了遵循开闭原则,对于类图的设计应该尽可能地使用接口或泛化进行封装,并且通过使用多态机制进行调用。接口和泛化的使用可以使操作的定义与实现分离,使得新添加的模块依赖于原有模块的接口。多态的使用使得在可以通过创建父类的间接实例通过多态的支持进行操作,从而避免对其他类的修改。

图 5-26 显示了一个应用开闭原则前后的简单实例。在图 5-26(a)中,Order(订单)类与两个表示支付方式的类存在关联关系。在这种设计下,如果系统需要新增加一种支付方式,不仅要新增加一个类,而且需要改动 Order 类中的代码才能适应新模块的出现。而在图 5-26(b)中,Order 类与抽象类 Payment(支付方式)之间建立了唯一一个关联关系,所有表示支付方式的类通过实现 Payment 类来接入模块,在 Order 类中创建 Payment 类型的间接实例,通过多态完成调用,这样在新增加支付方式时,只需要将新的支付方式的类作为 Payment 的子类来进行扩展即可。

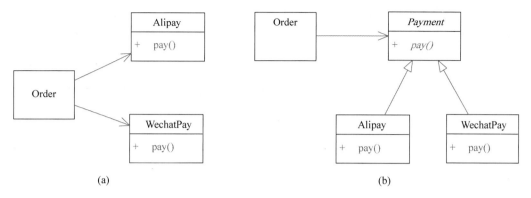

图 5-26　开闭原则

2．里氏替换原则

里氏替换原则（Liskov Substitution Principle，LSP）是由 Barbara Liskov 于 1987 年在 OOPSLA 会议上做的题为"数据抽象与层次"的演讲中首次提出的。其内容是：子类对于父类应该是完全可替换的。具体来说，如果 S 是 T 的子类，则 T 类的对象可以被 S 类的对象所替代，而不会改变该程序的任何理想特性。

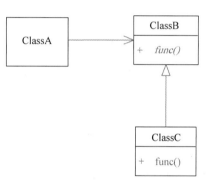

图 5-27　里氏替换原则

我们都知道，子类的实例是父类的间接实例。根据多态原则，当父类创建一个间接实例并调用操作时，将根据实际类型调用子类的操作实现。如图 5-27 所示，当 ClassA 类中创建一个 ClassB 的间接实例（实际类型为 ClassC）并调用 func()操作时，系统将选择 ClassC 中的操作实现进行调用。因此在设计类时，需要保持 ClassB 与 ClassC 两个类的 func()操作功能上应该是可替换的，不然将会得到违背直觉的结果。

3．依赖倒置原则

依赖倒置原则（Dependency Inversion Principle，DIP）是由 Robert C. Martin 提出的，其内容包括两条：高层次模块不应该依赖于低层次模块，二者都应该依赖于抽象；抽象不应该依赖于具体，具体应该依赖于抽象。

在传统的设计模式中，高层次的模块直接依赖于低层次的模块，这导致当低层次模块剧烈变动时，需要对上层模块进行大量变动才能使系统稳定运行。为了防止这种问题的出现，我们可以在高层次模块与低层次模块之间引入一个抽象层。因为高层次模块包含有复杂的逻辑结构而不能依赖于低层次模块，这个新的抽象层不应该根据低层次创建，而是低层次模块要根据抽象层而创建。根据依赖倒置原则，从高层次到低层次之间设计类结构的方式应该是：高层次类→抽象层→低层次类。

在设计时，可以使用接口作为抽象层。图 5-28(a)给出了没有应用依赖倒置原则的设计，即高层次类直接依赖于低层次类。图 5-28(b)则使用接口作为抽象层，让低层次类来实现接口，高层次类依赖接口。

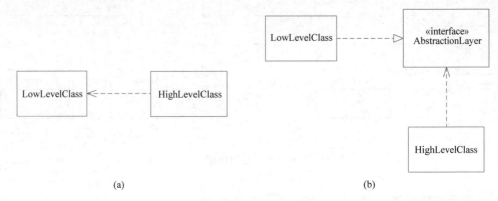

(a)　　　　　　　　　　　　　　(b)

图 5-28　依赖倒置原则

4. 接口分离原则

接口分离原则（Interface Segregation Principle，ISP）是由 Robert C. Martin 首次使用并详细阐述的。它阐述了在系统中任何客户类都不应该依赖于它们不使用的接口。这意味着，当系统中需要接入许多个子模块时，相比于只使用一个接口，将其分成许多规模更小的接口是一种更好的选择，其中每一个接口服务于一个子模块。

在图 5-29(a)中，三个类实现了一个共同的接口。可以看到，每个类都不应该拥有该接口中的所有行为，比如，Tiger 类显然不应该有 fly()与 swim()的操作，然而却必须要实现这两个行为。这样的接口被称为臃肿的接口（fat interface）或污染的接口（polluted interface），这可能导致不恰当的操作调用。图 5-29(b)是应用了接口分离原则进行修改之后的设计。新设计将其分解为三个小接口，三个客户类只实现自身具有的行为所属的接口。应用接口分离原则降低了系统的耦合度，从而使系统更容易重构、改变并重新部署。

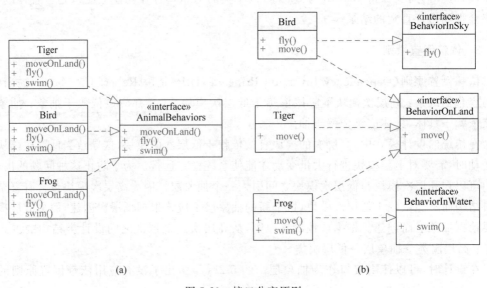

(a)　　　　　　　　　　　　　　(b)

图 5-29　接口分离原则

5. 单一职责原则

单一职责原则(Single Responsibility Principle,SRP)是由 Robert C. Martin 在他的《敏捷软件开发：原则、模式和实践》一书中提出。单一职责原则规定每个类都应该只含有单一的职责,并且该职责要由这个类完全封装起来。Martin 将职责定义为"改变的原因",因此这个原则也可以被描述为"一个类应该只有一个可以引起它变化的原因"。每个职责都是变化的一个中轴线,如果类有多个职责或职责被封装在了多个类里,就会导致系统的高耦合,当系统发生变化时,这种设计会产生破坏性的后果。

上述内容是面向对象设计的五大原则,根据其首字母,这五个原则也被合称为 SOLID。这些原则不是独立存在的,而是相辅相成的。这些原则的应用可以产生一个灵活的设计,但也需要花费时间和精力去应用并且会增加代码的复杂度。在使用时,我们需要根据系统的规模和是否经常变更需求来适时应用这些原则,从而得出一个更优秀的设计。

5.4　实验：绘制"机票预订系统"的类图

视频讲解

为了使读者更好地理解类图,我们仍然假设了一个具体情境,展示项目分析阶段的类图的主要创建过程。系统的具体情境说明请参考 4.5 节。

1. 确定类元素

根据情境描述,我们应该确定出系统主要可以包括哪些类。这里可以归结出用户、管理员、机场、航班与机票几个实体类,还应该包括有一个系统控制类来控制整个系统。由于分析阶段尚未进行用户界面设计,因此类图中暂时不涉及边界类,需要在设计阶段再对类图进一步完善。将确定好的类添加到类图中,如图 5-30 所示。

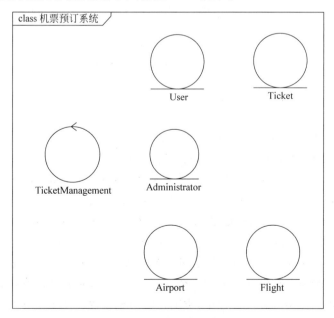

图 5-30　确定类元素

2．添加类的属性与操作

在确定了系统中包括的类之后，我们需要根据类的职责来确定类的属性与操作。在实际开发过程中，这往往是一个需要多次迭代的过程，即需要多次明确其语义和添加新内容。在最初的分析阶段，只要能大致描述类在整个系统中的作用即可。添加了属性与操作的类图如图 5-31 所示。

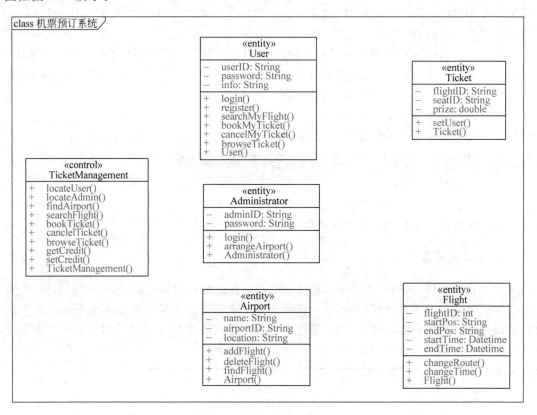

图 5-31　添加类的属性与操作

3．确定类图中的关系

在确定了类的基本内容之后，我们需要添加类图中的关系来完善类图的内容。类图中的类需要通过关系的联系才能互相协作，发挥完整的作用。

在本节的情境中，类之间主要通过关联关系相互联系。TicketManagement 类与 User 类及 Administrator 类之间相关联，表示系统中包含的用户及管理员账户。TicketManagement 类与 Airport 类之间的关联表示系统中包括的机场。Airport 类与 Flight 类之间的关联表示机场中运行的航班。Flight 类与 Ticket 类之间的关联表示一趟航班中包含的机票。Ticket 类与 User 类之间的关联表示用户所购买的机票。此外，还要注意这些关联关系两端的多重性和导航性。图 5-32 显示了添加了关联关系的类图。至此，类图已基本创建完毕。在实际开发过程中，类图作为指导编程实现最重要的图，还需要不断地修改来完善和丰富其中的内容。

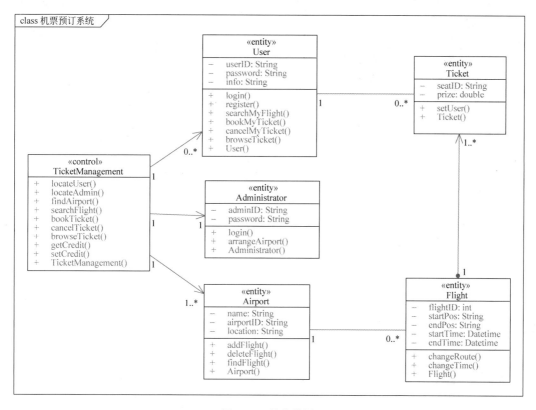

图 5-32 最终类图

4. 使用类图生成"机票预订系统""Airport"类和"Flight"类的代码

视频讲解

在类图绘制完毕后,可以利用正向工程来生成对应的代码。由于篇幅限制,这里只给出 Airport 类与 Flight 类的生成代码。读者也可以通过对比类图与生成的代码来加深对类图的理解。

Airport 类:

```java
//Source file: C:\\Program Files\\Java\\jdk1.8.0_05\\jre\\lib\\Airport.java
public class Airport
{
    private String name;
    private int airportNO;
    private String location;
    public Flight theFlight[];

    /**
     * @roseuid 561BE50C01A2
     */
    public Airport()
    {

    }
```

```
/**
 * @param flight
 * @return Void
 * @roseuid 561B178F025D
 */
public Void addFlight(Flight flight)
{
 return null;
}

/**
 * @param flight
 * @return Void
 * @roseuid 561B1797000C
 */
public Void deleteFlight(Flight flight)
{
 return null;
}

/**
 * @param flightNO
 * @return Flight
 * @roseuid 561B179B0338
 */
public Flight findFlight(int flightNO)
{
 return null;
}
}
```

Flight 类：

```
//Source file: C:\\Program Files\\Java\\jdk1.8.0_05\\jre\\lib\\Flight.java
public class Flight
{
    private int flightNO;
    private String startPos;
    private String endPos;
    private String startTime;
    private String endTime;
    public Airport theAirport;
    public Ticket theTicket[];

    /**
     * @roseuid 561BE50C0208
     */
    public Flight()
    {
```

```
        }

        / **
         *  @param s
         *  @param e
         *  @return Void
         *  @roseuid 561B036A0391
         * /
        public Void changeRoute(String s, String e)
        {
         return null;
        }

        / **
         *  @param s
         *  @param e
         *  @return Void
         *  @roseuid 561B036F0045
         * /
        public Void changeTime(String s, String e)
        {
         return null;
        }
    }
```

从两个类生成的代码中可以看到,类的属性与操作分别对应于类图中的声明。而且,在 Airport 类中添加了 theFlight[]数组,在 Flight 类中添加了 theAirport 与 theTicket[]数组作为表示类间关联关系的属性。

小结

本章主要介绍类图的概念,读者应当重点掌握类图中所包含元素的语义及表示法。在实际建模过程中,类图是整个系统中最重要的图之一,也是与编程实现过程关系最密切的图。本章还介绍了类图的建模技术,以及面向对象的 SOLID 原则。最后通过介绍创建类图的操作与过程使读者对类图的创建过程有一个比较完整的认识。

习题 5

1. 选择题

(1) 下列关于类图的说法中正确的是( )。

    A. 类图是由类、组件、包等模型元素以及它们间的关系构成的

    B. 类图的目的在于描述系统的运行方式,而不是系统如何构成

    C. 类图通过系统中的类和类间关系描述了系统的静态特性

D. 类图和数据模型有许多相似之处，区别是数据模型不仅描述了内部信息的结
　　　　　　构，也包含了系统的内部行为

（2）类之间的关系不包括（　　）。

　　　A. 依赖关系　　　　　　B. 泛化关系　　　　　　C. 实现关系　　　　　　D. 分解关系

（3）当类的属性与操作添加了（　　）限定符后表示该属性或操作只对本类可见，不能
被其他类访问。

　　　A. public　　　　　　　B. private　　　　　　C. protected　　　　D. package

（4）下列关于接口关系的说法不正确的是（　　）。

　　　A. 接口是一种特殊的类

　　　B. 接口可以看成是有<< interface >>构造型的类

　　　C. 一个类可以通过实现接口从而具有接口指定的行为

　　　D. 在调用设计合理的接口时，需要知道类对接口实现的具体信息

（5）下列对类和接口的描述不正确的是（　　）。

　　　A. 当使用子类去替换一处父类时，设计良好的软件应当可以正确实现功能

　　　B. 接口的方法名必须是公开（public）的

　　　C. 一个类可以实现多个接口

　　　D. 当一个类拥有另外一个类的全部属性和方法的时候，它们之间是实现关系

（6）汽车（Car）由轮子、发动机、油箱、座椅、方向盘等组成，那么 Car 类和其他类
（Wheel、Engine、Tank、Chair、SteeringWheel）之间的关系是（　　）。

　　　A. 关联关系　　　　　　B. 泛化关系　　　　　　C. 实现关系　　　　　　D. 依赖关系

（7）假设类 A 的一个操作的其中一个参数是类 B 的一个对象，且这两个类之间不存在
其他关系，那么类 A 和类 B 之间构成（　　）。

　　　A. 关联关系　　　　　　B. 泛化关系　　　　　　C. 实现关系　　　　　　D. 依赖关系

（8）下列选项中不属于分析类的是（　　）。

　　　A. 实体类　　　　　　　B. 主类　　　　　　　　C. 边界类　　　　　　D. 控制类

（9）下列选项中不属于类图的元素的是（　　）。

　　　A. 类　　　　　　　　　B. 用例　　　　　　　　C. 接口　　　　　　　D. 关联类

（10）下列选项中不属于面向对象的设计原则的是（　　）。

　　　A. 里氏替换原则　　　　　　　　　　　　　　B. 单一职责原则

　　　C. 后进先出原则　　　　　　　　　　　　　　D. 接口分离原则

2. 判断题

（1）类图主要通过系统中的类及类之间的关系来描述系统的动态结构。　　　　　　（　　）

（2）任何一个类都必须具有一定数量的属性与操作。　　　　　　　　　　　　　　（　　）

（3）接口中的操作不应该包含其具体实现。　　　　　　　　　　　　　　　　　　（　　）

（4）接口与抽象类的概念是完全相同的。　　　　　　　　　　　　　　　　　　　（　　）

（5）假设班级类（Class）与学生类（Student）之间建立了关联关系，并且约定一个班级至
少拥有一个学生，每个学生只能属于一个班级，则关联关系的班级类一端的多重性应设为
1..＊。　　　　　　　　　　　　　　　　　　　　　　　　　　　　　　　　　　（　　）

（6）在 UML 中，当接口使用小圆圈表示时，该接口与其他类的实现关系可以被简化为一条实线段。 （ ）

（7）模板类在其参数未确定时，无法创建直接实例。 （ ）

（8）当一个对象名表示为"A：B"时，表示这是一个 A 类的名称为 B 的对象。 （ ）

（9）逆向工程指的是将某种语言的代码转换为模型的过程。 （ ）

（10）里氏替换原则的主要内容是"父类对于子类应该是完全可替换的"。 （ ）

3．简答题

（1）什么是类图？

（2）简述类图的组成部分。

（3）简述类和类之间的关系，说明它们分别用来描述什么情况。

（4）什么是实体类、控制类和边界类？

4．应用题

（1）在某出版系统中，存在出版社、图书、作者三个实体类。绘制简单类图来描述三者之间的关系。

（2）一个公司可以雇佣多个人，某个人在同一时刻只能为一家公司服务。每个公司只有一个总经理，总经理下有多个部门经理管理公司的雇员，公司的雇员只归一个经理管理。请为上面描述的关系建立类模型，注意捕捉类之间的关联并标明类之间的多重性。

（3）在一个习题库下，各科老师可以在系统中编写习题及标准答案，并将编写的习题和答案加入题库中，或者从题库中选取一组习题组成向学生布置的作业，并在适当的时间公布答案。学生可以在系统中完成作业，也可以从题库中选择更多的习题练习。老师可以通过系统检查学生的作业，学生可以在老师公布答案后对自己的练习进行核对。阅读这一情境，分析出该系统所包括的实体类并适当添加属性，绘制出分析类图。

第6章

对 象 图

对象图对包含在类图中的事物的实例建模。换言之,对象图就是对某一时刻的系统快照建模,表示出对象集、对象的状态以及对象之间的关系。如果说类图表示了任意时刻系统全局的结构,那么对象图则表示出某些特定时刻下的系统结构与状态。本章主要介绍对象图的相关知识。

6.1　什么是对象图

对象图(object diagram)显示了某一时刻的一组对象及它们之间的关系。对象图可被看作是类图的实例,用来表达各个对象在某一时刻的状态。举个例子,对于一场足球比赛,所有球员协同进行比赛,整场比赛相当于系统的类图。如果在比赛的某一时间暂停一下,就可以发现每个球员所处的位置以及和其他球员的关系;更深一步,可以明白这些球员是如何协作的。

同样,在对一个软件密集型的系统建模时,也与足球场上的情况类似。如果想跟踪一个运行系统的控制流,很快就会忘记系统的各个部分是如何组织的。因此,需要研究系统中某一时刻的对象、对象的邻居以及它们之间关系的快照。这一部分就由对象图来完成。对象图表达了交互的静态部分,它由协作的对象组成,但不包含在对象之间传递的任何消息。

对象图中的建模元素主要有对象和链,对象是类的实例,链是类之间的关联关系的实例。图 6-1 显示了一个对象图。

对象图的使用十分有限,主要用于说明系统在某一特定时刻的具体运行状态,一般在论证类模型的设计时使用。

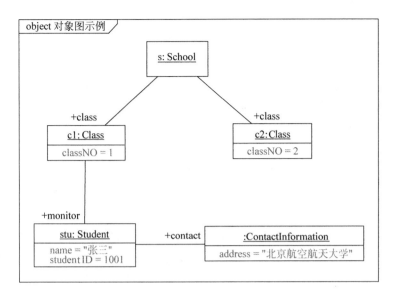

图 6-1　对象图

6.2　对象图的组成元素

本节介绍对象图的组成元素,包括对象和链。

6.2.1　对象

对象是类的实例,是一个封装了状态和行为的具有良好边界和标识符的离散实体。对象通过其类型、名称和状态区别于其他对象而存在。在 UML 中,对象的表示法与类相似,使用一个矩形框表示,如图 6-2 所示。

图 6-2　对象

对象的名称在矩形框的顶端显示,用以在某一语境下区别于其他对象。名称是一个字符串,类似于类的名称,对象名也可以有简单名和路径名之分。每个对象都有一个类型,对象的类型必须是具体的类目。对象名的标准表示法是在对象名后跟一个冒号加上类型名。并且,为了区别对象与类,对象名使用下画线。

另外,可以隐藏对象名(保留冒号)来作为一个匿名对象存在;在保证不混淆的情况下,也可以隐藏对象的类型名(隐藏冒号)。对象名的三种表示法如下。

- stu:Student 标准表示法。
- :Student 匿名表示法。
- stu 省略类名的表示法。

与类的表示法相似,对象的状态(属性)栏位于名称栏的下方。对象的状态由对象的所有属性以及运行时的当前值组成。对象的状态一般是动态的,因此,在对对象进行可视化建模时,实际上是在给定的时间和空间上描述其状态值。

与类的表示法不同的是,由于同一个类的所有对象都拥有相同的操作,没有必要在对象的层次中体现,所以对象的表示法中没有操作栏。

6.2.2 链

我们在前面已经介绍过,链是关联关系的实例,是两个或多个对象之间的独立连接。因此,链在对象图中的作用就类似于关联关系在类图中的作用。在 UML 中,链同样使用一条实线段来表示,如图 6-3 所示。

图 6-3 链

链主要用来导航。链一端的一个对象可以得到另一位置上的一个或一组对象,然后向其发送消息。链的每一端也可以显示一个角色名称,但不能显示多重性(因为实例之间没有多重性)。

6.3 应用对象图建模

6.3.1 对象图建模技术

对象图通常用来对系统的对象结构建模。在为系统的设计视图建模时,可以用一组类图完整表述其语义以及它们之间的关系。然而,对象图则不能详述系统完整的对象结构。这是因为每个类可能同时拥有多个实例,对于存在关系的一组类,对象及连接对象的链是相当多的。因此,在使用对象图时,最常见的方法是选择性地显示一组对象,这就是所谓的为对象结构建模。

使用对象图对系统的对象结构建模,要遵循以下步骤:

* 识别建模机制。建模机制被描述为系统的某些功能或行为,经常会被耦合为用例,由一组类、接口和其他事物的交互产生。可以创建协作来描述机制。
* 识别参与的类和接口等元素,以及这些元素之间的关系。
* 识别并选择对象。考虑这个机制的脚本在某时刻被冻结时的情况,识别并选择出各个对象。
* 按需要显示每个对象的状态。
* 识别并显示出对象之间的链,即对象的类目之间关联的实例。

6.3.2 使用对象图进行逆向工程

为对象图进行逆向工程是有用的。事实上,当对系统进行调试时,这一工作是必需的。对对象图进行逆向工程,要遵循如下策略:

* 选择要进行逆向工程的目标。通常将语境设置为一个操作的内部或与一个特定类的实例的关系。
* 通过使用工具或简单的走查脚本,在特定的时刻停止执行。

- 识别出该语境中相互协作的一组感兴趣的对象,并在对象图中表示它们。
- 给出这些对象的状态。
- 识别这些对象之间存在的链。
- 若对象图过于复杂,则要进行简化;若对象图过于简单,则将某些感兴趣的邻居扩充进来,以便更深入地显露出各个对象的状态。

6.3.3 对象图使用要点

在 UML 中创建对象图时,要记住,每个对象图只是系统的静态设计视图或静态交互视图的图形表示。这意味着,并不需要用单个的对象来获取系统的设计视图或交互视图中的每一个事物。对象图反映了部分存在于运行系统中的具体的或原型的对象。

一个结构良好的对象图应满足以下要求:

- 注重于表达系统静态设计视图或静态交互视图的一个方面。
- 表示由一个交互图描绘的动态场景的一个画面。
- 只包含对理解该方面不可缺少的那些元素。
- 提供与它的抽象层次相一致的细节,应该只显露出对理解是不可缺少的那些属性值和其他修饰。
- 不要过分简化,这样会使读者对重要的语义产生误解。

6.4 实验:绘制"机票预订系统"的对象图

视频讲解

为了使读者更好地理解对象图,我们仍然使用机票预订系统的具体情境,展示某一时刻的对象图的创建过程。

1. 确定对象及对象状态

根据情境描述,我们确定系统某一时刻的几个重要对象:用户、机票、机场与航班,以及这些对象的状态,如图 6-4 所示。

图 6-4　确定对象及对象状态

2. 补充对象间的链

在确定对象图中的对象之后，使用链将有关联的对象进行链接，得出最终的对象图，如图 6-5 所示。

图 6-5　最终对象图

小结

本章主要介绍对象图的概念。对象图显示了某一时刻的一组对象及它们之间的关系，用来刻画某一时刻的系统快照。对象图的主要组成元素为对象和链。使用对象图可以对系统的对象结构建模。本章最后还给出了绘制对象图的实例。

习题 6

1. 选择题

（1）下列关于类和对象的关系的叙述中，错误的一项是（　　　）。

　　A. 每个对象都是某个类的实例

　　B. 每个类某一时刻必定存在对象实体

　　C. 类是静态的描述

　　D. 类之间可能存在关联关系，对象之间也可能存在链

（2）下列关于对象图的叙述中，错误的一项是（　　　）。

　　A. 对象图显示了某一时刻的一组对象及它们之间的关系

　　B. 对象图可被看作是类图的实例

　　C. 对象图表达的交互的动态部分

　　D. 对象图中的建模元素主要有对象和链

(3) 下列对象名的写法中,不合法的一项是( )。

    A. 对象名:类名   B. 类名:

    C. :类名   D. 对象名

(4) 下列关于链的叙述中,正确的一项是( )。

    A. 链就是关联关系

    B. 链使用一根虚线段来表示

    C. 链用来表示对象和类之间的关系

    D. 链没有多重性

(5) 下列关于对象图的叙述中,错误的一项是( )。

    A. 对象图显示了某时刻的一组对象及它们的关系

    B. 对象图中的主要元素是链与对象

    C. 对象图中的链是泛化关系的实例

    D. 对象图主要用于说明系统在某一特定时刻的具体运行状态

2. 判断题

(1) 对象图显示了某一时刻的一组对象及它们之间的关系。   ( )

(2) 类图可被看作是对象图的实例。   ( )

(3) 在 UML 中,对象和类的表示法完全相同。   ( )

(4) 链是关联关系的实例,是两个或多个对象之间的独立连接。 ( )

(5) 每个对象图只是系统的静态设计视图或静态交互视图的图形表示。 ( )

3. 简答题

(1) 简述什么是对象图。

(2) 简述对象图的组成元素。

(3) 试简要说明使用对象图时要注意哪些要点。

4. 应用题

(1) 对于 Vehicle(车)类和 Wheel(轮子)类,存在一个一对多的关联关系。试创建一个 Vehicle 类的三轮车对象,与三个轮子对象存在链,有一个前轮和两个后轮。用对象图表示三轮车对象与轮子对象之间的关系。

(2) 在某出版系统中,存在出版社、图书、作者三个实体类。试对一图书对象创建对象图,并在图中表示出其与出版社对象及作者对象之间的关系。

第7章

包　图

　　在开发软件系统的过程中,尤其是对于规模较大的系统而言,如何将系统中的众多模型元素组织起来,即如何将一个大系统有效地分解成若干个小的模块并准确描述各模块之间的关系是一个必须要解决的重要问题。对此,UML 使用包元素来实现模型的组织,使用包图来表示包之间的相互关系。通过这种方式构造的系统就能够从模块的层次上来把握系统的静态结构。

7.1　什么是包图

　　包图(package diagram)是用来描述模型中的包和所包含元素的组织方式的图,是维护和控制系统总体结构的重要内容。包图通过对图中的各个包元素以及包之间关系的描述,展示出系统的模块以及模块之间的依赖关系。包图能够组织许多 UML 中的元素,不过其最常见的用途是用来组织用例图和类图。

　　在 UML 1.x 规范中,虽然没有明确规定包图属于一种图类型,却可以使用包及包的关系来表示系统的结构,包图作为实际上存在并经常被使用的一种图出现在 UML 中。最新的 UML 2 规范中已经明确定义了包图。

　　包图中包含包元素以及包之间的关系。与其他图类似,包图中可以创建注释和约束。图 7-1 显示了一个包图。

图 7-1　包图

7.2　包图的组成元素

　　包图中的主要组成元素包括包以及包的依赖关系。本节主要介绍这些包图的组成元素。

7.2.1 包

1. 包的概念

包(package)是用于把模型本身组织成层次结构的通用机制,它不能执行。包是一个组织模型的组块,是一种将设计元素分组组织的通用机制。在大型软件开发的过程中,存在着大量需要处理的类、接口、组件、节点,以及各种类型的图等元素。当这些元素的数量达到一定程度的时候,需要按照它们的某些特性将它们组织在不同的包内。

由于包被用来组织模型中的元素,其功能类似于操作系统中的文件夹,因此包在图形上被表示为一个文件夹的形状,即一个大矩形的左上角附有一个小矩形,图形上显示有包名。另外,也可以将包所包含的元素显示在上面。包的表示法如图7-2所示。

图 7-2　包

建议:一般情况下包内元素数量会较多,因此在绘制包时,建议采用包的简单表示法。

1) 包名

每个包都必须有一个与其他包相区别的名称。与类图相似,包有简单名与路径名两种命名方法。单独的名称即为简单名,而用前缀表示出其所有上层包名的名字是路径名,如com::system::GUI,表示包GUI在包system中,而包system又嵌套在包com中。

2) 包中的元素

包本身是一个容器,可以拥有很多元素,这些元素被称作该包的内部元素。包中可以容纳各种高级的模型元素,如类和类的关系、状态机、用例图、交互、协作等,甚至是一个完整的UML图。而低层次的元素如属性、行为、状态和消息等,则不能直接体现在包中,而应该体现在其所属的模型元素中。这种包与元素的从属关系意味着元素是在这个包中声明的,它的内容本身属于这个包。每个元素只能属于一个包。如果包被删除,则其中包含的元素也将被删除。

包中的元素可以显示在图形上。一种常用的方法是像图7-2中右侧的图一样将包含的元素名显示在包名下方。此外,还可以将包中的元素表示在包图形的外部,通过一条一端带有一个带十字的小圆圈的线段来表示,如图7-3所示。

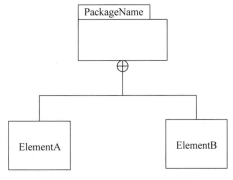

图 7-3　包内容的外部表示法

另外，包中还可以含有包，这被称为包的嵌套。每个包都有自己的外围包，即当前包元素所属的包。默认情况下，所有创建出来的包都由一个虚拟的"根包"（root）包含。

包的嵌套可以清晰地表现系统模型元素的关系以及包的整体架构。这些嵌套除了可以通过在包元素中显示其包含的元素之外，大部分工具都支持显示包的树形目录式结构。图 7-4 显示了 Enterprise Architect 工具中所显示的包的嵌套。由于人对嵌套结构的理解能力是有限的，因此包的嵌套不应过深，一般以嵌套 2～3 层为宜。

图 7-4 包的嵌套

3）包元素的可见性

包内的元素可能被其他包的元素使用，这种使用被称作引入（import）。即引入者 A 包可以部分或完全地访问被引入者 B 包中的元素。但我们不能说 B 包从此就属于 A 的包了。当其他元素需要访问 B 的各项元素时，仍然需要从 B 所属的包中去引用。

包使用元素的可见性来控制包外元素对包内元素的访问权限。包元素的可见性包括公有、保护和私有三种。公有（public）元素通过使用加号"＋"作为名称前缀来表示。只要当前包被引入，包内的公共元素即对引入者可见。保护（protected）元素通过使用井号"♯"作为名称前缀来表示。保护元素仅对当前包的子包可见。私有（private）元素通过使用减号"－"作为名称前缀的元素来表示。私有元素仅对该包可见，外部无法访问。

另外，如果某元素对于一个包是可见的，则它对于嵌套在这个包中的任何包都是可见的，也即一个包可以看到其容器包可见的元素。然而，当被嵌套包与容器包之间有重名的元素时，被嵌套包的元素名会覆盖容器包中的元素名，这时需要使用元素的路径名来访问容器包的元素。

4）包的构造型

在 UML 中，可以使用构造型来描述包的种类。UML 一共定义了五种可应用在包上的标准构造型，如下所示。用户也可自行定义新的构造型。

- ≪ system ≫：表示正在建模的整个系统。
- ≪ subsystem ≫：描述一个子系统，即表示正在建模的系统中的某个相对独立的部分。对于较大的系统，经常需要将其划分为几个子系统。子系统的概念经常用在用例图中。
- ≪ facade ≫：描述一个只引用其他包中元素的包，主要用来为一些其他的包提供简略视图。
- ≪ stub ≫：描述一个代理包，通常应用于分布式系统的建模中，服务于某个其他包的公共内容。
- ≪ framework ≫：描述了一个主要包含可重用的设计模式的包。

2. 包的作用

如前所述，包用来组织模型中的元素，并控制着元素的可见性，处于包内的元素有相当一部分是外部不可见的。因此在外部观察包时，可以将内部元素视作一个整体，从而便于将多个元素一同处理。包内部的元素应该保证有相似或相同的语义，或者其元素有同时更改和变化的性质。只有满足了上述条件，这个包才是设计良好的，在应用过程中不会因为元素的改变而导致语义差异增大、元素难以使用。所以,根据以上的分析,我们希望包可以实现高内聚、低耦合的目标。

在实际应用中,包对包含的元素的作用相当于 C++ 和 C♯ 中命名空间(namespace)的概念或 Java 中的包概念。与这些概念不同的是,UML 包中的内容不限于类和接口,包中的元素种类要丰富得多。

3. 元素的分包原则

在使用包和包图对系统建模时,对于元素如何分配到不同的包中这一过程有一些公认的原则。只有遵循这些原则,才能设计出结构良好的包与系统。

1) 元素不能"狡兔三窟"

包的组织结构与文件系统的文件夹结构是非常相似的,二者都是树形结构。在文件夹系统中,同一个文件是不可能既在 A 文件夹,又在 B 文件夹中的,即树形结构的一个节点不能同时拥有两个父节点。所以一个元素也不允许在两个包中重复出现。

2) 相同包内元素不能重名

包所具有的命名空间的作用要求一个包中的同种类元素名称必须是唯一的。理论上,UML 允许不同包内的元素重名,也允许同一个包内的不同种类的元素重名。这里可以再次将包类比于文件系统中的文件夹概念:同一文件夹下不允许有两个重名的同类型文件,但允许两个文件夹下有重名的同类型文件,也允许同一个文件夹下有重名但不同类型的文件(如 a.txt 和 a.exe)。然而,在实际建模中,为了避免发生不必要的麻烦和错误,不建议在命名包中元素时使用这种不讨好的做法,而应该尽量对各种元素都独一无二地命名。

3) 包内元素要紧密联系

分在同一个包中的元素应该具有某些相同的性质,这样在包中的元素可以存在统一的行为模式供包外与包内进行交互,当外部元素可以良好地通过这些统一的行为模式(类似接口)来实现功能时,可以避免外部对包内元素的直接访问。上面提到的高内聚即指上述性质。

4) 包与包尽可能保持独立

如果在修改一个包的同时,另外一个包中的元素也受到了影响,那么这两个包就不是完全独立的,这时我们称这两个包的耦合度高。耦合度高会带来一些棘手的问题,它会使系统不同部分的元素互相关联,如果其中某一个部分需要增删或修改,则会牵一发而动全身,导致巨大的修改量和不稳定性。包和包之间需要尽可能减少耦合度,要求包内元素与外部元素有尽可能少的依赖关系,也就是我们所说的低耦合。

7.2.2 包的依赖关系

包元素之间最常见的关系就是依赖关系。包之间的依赖关系实际上是从一个更高的层次来描述包内某些元素之间的依赖关系。也就是说,如果不同包中任何元素之间存在着一个依赖,则两个包之间就存在着依赖关系。包之间的依赖关系首先需要包中的某些元素具有某种外部可见性,即可以被包外部的元素所引用。如果几个包之间存在多个包元素的相似的依赖关系,那么可以将这些依赖关系归纳为包与包之间整体的依赖关系,可以在包图中加以表达。

　　包的依赖关系同样表示为一条带箭头的虚线，如图 7-5 所示，图中的依赖关系表示 PackageA 包依赖于 PackageB 包。

图 7-5　包的依赖关系

　　在对包元素建立依赖关系时，最常出现的问题就是循环依赖，即两个或多个包之间的依赖关系构成了一个闭环。图 7-6 显示了两个包之间的循环依赖。

图 7-6　循环依赖

　　事实上，循环依赖不一定都是错误的，但是它的出现是令人困惑的，也是非常容易产生错误的。尤其是当依赖关系表示包的引入时，循环依赖会导致将模型转化成代码后因为包之间互相引入而出现错误。实际上，循环依赖的出现是由于元素分包不当造成的，可以通过将一个包中被依赖的元素单独分配给一个新包来解决这一问题。

　　例如，图 7-7 就提供了图 7-6 中循环依赖问题的一个解决方案。图 7-7 中新增的 PackageC 包中的内容是原有 PackageA 包被 PackageB 包所依赖的所有元素。当然，如果此时 PackageA 包中的元素依赖于被分离出去的元素，那么可以在 PackageA 包与 PackageC 包之间再建立一个依赖关系。

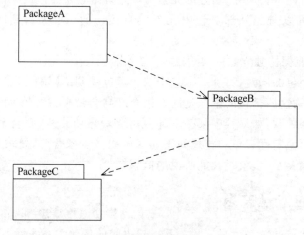

图 7-7　循环依赖的解决方案

　　包的依赖关系同样可以通过添加构造型来使其语义更加明确。最常见的包依赖关系的构造型就是引入，表示为 << import >>。引入指的是允许一个包（客户包）中的元素可以自由访问另一个包（提供者包）中的公有元素。引入是单向的，其表示法的箭头从引入方指向输出方。在引入过程中，客户包把提供者包的包名添加到自己的命名空间中，从而使客户包中可以使用所引入元素的简单名来引用该元素,如图 7-8 所示。

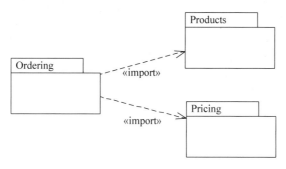

图 7-8　包的引入

　　引入的概念类似于 C♯ 中的 using 关键字或 Java 中的 import 关键字。举个简单的例子,假设元素 a 在 A 包中,元素 b 在 B 包中,二者都被声明为包的公有元素。如果 A 包引入 B 包,那么 a 就可以直接看见 b,而 b 却不能直接看见 a。

7.3　包图的建模技术

　　包图有助于理解系统的主要组成部分以及它们之间的关系,能从宏观上展示整个系统的构造。在实际的建模过程中,包图一般有两种不同的建模技术:对成组元素建模和对体系结构视图建模。

1. 对成组元素建模

　　使用包与包图的最常见的目的就是把建模元素组织成一个个的分组。这种策略在对大型项目建模时显得尤为重要。这些组将会被建模成包。在大多数情况下,包用来组合基本种类相同的元素,如类或用例。当然,包也可以用来组合不同种类的元素。这种情况下使用的包一般作为配置管理的单元出现。

　　使用包图对成组的元素建模,可以遵循以下策略:

- 浏览模型中的元素,找出概念或语义上接近的元素分组。
- 将分好组的元素组织在一个包里,同时考虑包的嵌套。
- 对每个包,区分哪些元素需要在包外被访问,进而确定包内元素的可见性。这一步骤类似于类的封装过程:没有必要对外开放的元素一定要预先标注为私有,随后逐一检查,如果必须开放,再考虑开放可见性为受保护或公有。若设计完成时发现部分公有元素未被使用,还应该将这些元素重新置为私有元素。
- 使用引入依赖显式地在包之间建立关系。

2. 对体系结构视图建模

　　我们已经知道,视图是对系统的组织和结构的某个方面的投影,表达了对系统某个方面的关注。正如本书第 4 章介绍的"4+1"视图一样,这些体系结构视图实际上也是由包进行建模的,是对系统的顶层分解。理论上,我们完全可以利用包元素来创建自己的体系结构视图。实际上，现在绝大部分的 UML 建模工具的视图结构也是使用包元素来划分其体系结构视图的。

7.4 实验：绘制"机票预订系统"的包图

视频讲解

任何大的系统都必须被分成几个小的单元，以便人们可以一次只处理有限的信息，并且使分别处理这些信息的工作团队之间不会相互干扰。本节继续使用机票预订系统的例子，演示包图的绘制方法。

1. 将元素分包

以用例模型为例，我们可以将 4.5 节中的元素分配到不同的包中进行管理。按照用例所表示的内容，可以将"检查信用等级"与"修改信用等级"用例添加到"信用评价"包中，将"登录"与"注册"用例添加到"登录注册"包中，将"设定航班安排"用例添加到"后台操作"包中，将其余用例添加到"核心业务"包中。整理后项目的用例模型的包结构如图 7-9 所示。

图 7-9　使用包组织用例

2. 创建包图并添加包

创建一个包图并添加所有包到包图中，如图 7-10 所示。

3. 添加包中的关系

对创建的包图，添加必要的依赖和引入关系，如图 7-11 所示。

图 7-10　在包图中添加包元素

图 7-11　用例模型的包图

小结

本章主要介绍了包与包图的概念。包作为唯一的分组事物，在 UML 中有着不可替代的作用。在利用包组织元素时，要注意本章讲到的几个分包原则。最后，本章给出了使用包图来表示模型的组织结构的方法。

习题 7

1. **选择题**

(1) 在 UML 的建模机制中，模型的组织一般通过(　　)来实现。

    A. 用例　　　　　　B. 数据库　　　　　　C. 包　　　　　　　　D. 注释

(2) 包图的组成不包括(　　)。

    A. 包的名称和构造型　　　　　　　　B. 包中含有的元素

    C. 包与包之间的关系　　　　　　　　D. 包间的消息和发送者

(3) 下列关于包的用途，说法不正确的是(　　)。

    A. 描述需求和设计的高层概况

    B. 组织源代码

    C. 细化用例表达

    D. 将复杂系统在逻辑层面上模块化

(4) 下列选项中，不能直接放在包中的元素是(　　)。

    A. 类　　　　　　　B. 操作　　　　　　C. 包　　　　　　　　D. 对象图

(5) 下列选项中，(　　)可以应用于包元素的 UML 预定义的构造型。

    A. << subsystem >>　　　　　　　　B. << control >>

    C. << actor >>　　　　　　　　　　D. << interface >>

(6) 下列选项中，UML 不允许的元素分包及命名的一项是(　　)。

    A. A 包中含有类 ElementA，B 包中含有类 ElementA

    B. A 包中含有类 ElementA 与用例 ElementA

    C. A 包中含有类 ElementA，B 包中含有用例 ElementA

    D. A 包中含有类 ElementA 与类 ElementA

(7) 下列选项中，包元素之间可能形成的关系是(　　)。

    A. 关联关系　　　　B. 依赖关系　　　　C. 实现关系　　　D. 扩展关系

(8) 假设有两个包 A 与 B，其中 B 包依赖于 A 包，且二者之间不构成任何嵌套关系。
此外，A 包中含有三个类元素：

    ① ClassA，可见性修饰为 public。

    ② ClassB，可见性修饰为 protected。

    ③ ClassC，可见性修饰为 private。

那么在 B 包中可见的元素有(　　)。

    A. ①　　　　　　　B. ①②　　　　　　C. ①②③　　　　D. ②

2. **判断题**

(1) 包只能用来组织 UML 中的事物，而无法用来组织 UML 图。　　　　　　(　　)

(2) 包元素是 UML 中最重要的结构事物之一。　　　　　　　　　　　　　(　　)

（3）包的路径名使用前缀来表示出上层包的名称。　　　　　　　　（　　）

（4）UML 中的所有模型元素都可以被直接包含在包中。　　　　　　（　　）

（5）包内元素的可见性表示同一个包内的其他元素对该元素的访问权限。　（　　）

（6）在 UML 中，每个元素只能被包含在一个包中。　　　　　　　　（　　）

（7）包之间表示依赖关系的虚线箭头指向被依赖的包的一方。　　　　（　　）

（8）包中可见性修饰为 public 的元素表示这些元素可以被项目中的所有包无条件地访问。　　　　　　　　　　　　　　　　　　　　　　　　　　　（　　）

3．简答题

（1）什么是包图？简述包图的组成部分。

（2）什么是模型的组织结构？它的作用是什么？

4．应用题

（1）在某系统中存在三个逻辑部分，分别是 Business 包、DataAccess 包和 Common 包，其中 Business 包需要导入 DataAccess 包和 Common 包，DataAccess 包需要导入 Common 包。在类图中试着创建这些包，并绘制其关系。

（2）尝试使用包组织第 4 章习题 4 的 3(1)小题的用例图中的用例。

第8章

顺　序　图

前面已经介绍了用例图,用例图的交互过程是需要表现出来的,这种交互过程需要由交互图来表示。在 UML 1.x 中,交互图包括顺序图与协作图,顺序图用于描述执行系统功能的各个不同角色之间相互协作、传递消息的顺序关系。本章将介绍顺序图的相关概念以及绘制顺序图的方法。

8.1　什么是顺序图

在介绍顺序图之前,我们先来回忆一下用例的概念。用例是一个系统提供给参与者的外部接口,代表着一系列交互步骤,最终目标是要实现参与者的目标。用例的表达有条简洁至上的原则,即越朴素越好,越不涉及代码知识越好,而且用例很难与类、接口等元素一一对应。因此,为了方便开发人员统筹和协调各个类和对象,UML 对用例所概括的参与者与系统之间的交互行为提供了表达方式,顺序图就是其中的一种。

顺序图(sequence diagram,也被译为序列图或时序图)是按时间顺序显示对象交互的图。具体来说,它显示了参与交互的对象和所交换信息的先后顺序,用来表示用例中的行为,并将这些行为建模成信息交换。

由于在绘制顺序图之前一般已经做过了分析类的工作,所以在顺序图中,可以引入类和对象的概念来帮助建模。当执行一个用例行为时,顺序图中的每一条消息对应了一个类的操作或状态机中引起转换的触发事件。也就是说,顺序图在一个编程人员可以理解的模型基础上对用例进行了翻译,把抽象的各个步骤转化成大致的消息传递序列,供程序员们按图索骥。并且,图这一形式本身用来表达一些序列就是极为恰当的,这也就使得顺序图成为描述一个过程的强有力的工具。

顺序图主要包括四个元素:对象(object)、生命线(lifeline)、激活(activation)和消息(message)。在 UML 中,顺序图将交互关系表示为一张二维图。其中纵向代表时间维度,时间向下延伸,按时间依次列出各个对象所发出和接收的消息。横向代表对象的维度,排列着参与交互的各个独立的对象。一般主要参与者放在最左边,次要参与者放在最右边。图 8-1 显示了一个顺序图。

顺序图是按时间顺序描述一个交互及消息传递的一种方式,顺序图主要有以下三种作用:

- 细化用例的表达。本章前面已经提到,顺序图的一大用途,就是将用例所描述的需求与功能转化为更加正式、层次更加分明的细化表达。

图 8-1   顺序图

- 有效地描述类职责的分配方式。我们可以根据顺序图中各对象之间的交互关系和发送的消息来进一步明确对象所属类的职责。
- 丰富系统的使用语境的逻辑表达。系统的使用语境即为系统可能的使用方式和使用环境。

8.2   顺序图的组成元素

顺序图是将交互关系表示为一个二维图。纵向是时间轴,时间沿竖线向下延伸。横向轴代表了在协作中各独立对象的类元角色。类元角色用生命线表示。本节将主要介绍顺序图的主要组成元素。

8.2.1   对象与生命线

顺序图中的对象与对象图中的概念一样,都是类的实例。顺序图中的对象可以是系统的参与者或者任何有效的系统对象。对象的创建由头符号来表示,即在对象创建点的生命线顶部使用显示对象名和类名的矩形框来标记,二者用冒号隔开,即为"对象名:类名"这种格式,如图 8-2 所示。与对象图相似,对象的名字可以被省略,此时表示为一个匿名对象。在保证不混淆的情况下,对象所属的类名(包括前面的冒号)也允许被省略。

在位置上,一个被放置于顺序图顶端的对象,意味着在这个交互开始之前,我们已经拥有这样一个对象了。如果一个对象出现在其他位置上(不在顶端),则说明这个对象是在交互执行到某些步骤的时候被创建出来的,如图 8-1 中的 Transaction 类的匿名对象。被创建出来的对象可以在接下来的时间里被其他对象的消息所激活,也可以以同样的方式被销毁。

　　对象与其在顺序图中的生存周期表示为一条生命线。生命线代表了一次交互中的一个参与对象在一段时间内存在。具体地说，在生命线所代表的时间内，对象一直是可以被访问的——可以随时发送消息给它。

　　在顺序图中，生命线位于每个对象的底部中心位置，显示为一条垂直的虚线（如图 8-2 所示），与时间轴平行，带有一个显示对象的头符号。顺序图中的大部分对象是存在于整个交互过程的，即对象创建于顺序图顶部，其生命线一直延伸至底部。对于在交互过程中被创建的对象，其生命线从接收到新建对象的消息时开始。对于在交互过程中被销毁的对象，其生命线在接收到销毁对象的消息时或在自身最后的返回消息之后结束，同时用一个"X"标记表明生命线的结束。

8.2.2　激活

　　激活，又称为控制焦点，表示一个对象执行一个动作所经历的时间段，既可以直接执行，也可以通过安排下级过程来执行。同时，激活也可以表示对应对象在这段时间内不是空闲的，它正在完成某个任务，或正被占用。一般来说，一个激活的开始应该是收到了其他对象传来的消息，这段激活会处理该消息，执行一些相关的操作，然后反馈或者进行下一步消息传递。通常来说，一个激活结束的时候应该伴有一个消息的发出。

　　激活在 UML 中用一个细长的矩形表示，显示在生命线上，如图 8-3 所示。矩形的顶部表示对象所执行动作的开始，底部表示动作的结束。在 UML 2 中，使用术语执行说明（execution specification）代替了激活。

图 8-2　对象与生命线　　　　　　　图 8-3　激活

8.2.3　消息

　　消息是从一个对象（发送者）向另一个对象（接收者）发送信号，或由一个对象（发送者或调用者）调用另一个对象（接收者）的操作。消息是对象和对象协同工作的信息载体，它代表了一系列实体间的通信内容。消息的实现有不同的方式，如过程调用、显式地产生一个事件、活动线程间的内部通信等。例如，当某对象调用了另一个对象的一个操作时，就可以看作是两个对象之间通过发送消息来达成的。

发送信号和调用类的操作是相似的。它们都是两个对象之间的通信,以此来传递信息值,接收者根据所接收到的值来做出相应反应。然而在实现层次上,信号和调用各自有不同的特性和细节行为,因此二者是不同的 UML 元素。

在顺序图中,消息表示为从一个对象的生命线指向另一个对象的生命线的箭头。有些消息可能是从外部发来的,在不确定外部对象的类型时,也可以从图的边缘处引入箭头来表示外部消息。顺序图中不同生命线上的时标是相互独立的,所以箭头和生命线所成的角度不具有任何意义。对于某一对象发给自己的消息,箭头的起点和终点都在同一条生命线上。消息按照时间顺序从图的顶部到底部垂直排列。如果一个收到消息的对象还没有被激活,那么这条消息将会激活这个对象。

最常见的消息是简单消息(又被称为顺序消息)。简单消息的图形表示也同样简单,只要用一个实心箭头就可以。简单消息表示控制流,可以泛指任何交互,但不描述任何通信信息。当你的设计不需要复杂的消息类型,或者能很容易判断出顺序图中各个消息的消息类型时,为简单起见,你可以将所有的消息都画成简单消息。

在传送一个消息时,对消息的接收往往会产生一个动作。这个动作可能引发目标对象以及该对象可以访问的其他对象的状态改变。根据消息产生的动作,消息也有不同的表示法。在 UML 中,有以下几种主要动作。

- 调用(call):调用某个对象的一个操作。可以是对象之间的调用,也可以是对对象本身的调用,即自身调用或递归调用。调用属于同步机制,例如,当对象 A 发送消息调用对象 B 时,A 会等待 B 执行完所调用的方法后再继续执行。在 UML 中使用一个头部为实心三角的箭头来表示调用。
- 返回(return):返回消息不是主动发出的,而是一个对象接收到其他对象的消息后返回的消息。很多情况下一个消息的接收会要求一个返回,如果把所有对源消息的返回全部绘制在顺序图中,图将变得过于复杂而难以阅读。所以仅仅需要绘制重要的返回消息。在 UML 中使用虚线箭头表示返回。
- 创建(create):创建一个对象时发送的消息,在 UML 中使用具有<<create>>构造型的消息表示。
- 销毁(destroy):销毁一个对象(也允许对象销毁自身)。UML 中使用具有<<destroy>>构造型的消息表示。

图 8-4 显示了简单消息以及四种动作对应的消息的表示法。

图 8-4 消息

根据消息的并发性来区分,消息可以分为同步消息和异步消息两种。同步是指事务之间非并行执行的一种状态,一般需要一个事务停止工作等待另外一个事务工作的完成,这种"暂停-等待"的行为又称作阻塞。同步消息意味着发出该消息的对象将不再继续进行后续工作,专心等待消息接收方返回消息。同步消息通过在箭头上标注"X"来表示。大多数方法调用使用的都是同步消息（因此一般情况下并不需要使用同步消息的表示法），只有在并行程序中才可能出现非同步的消息，即异步消息。不同步的消息就是异步消息。消息发出者在发出异步消息之后，不必等待接收者的返回消息便可以继续自己的活动和操作。如果异步消息返回，而对象需要接收这个返回消息并调用新的方法，那么这个过程叫作"回调"。一般来说，异步消息需要有消息中间件的支持，消息中间件将异步消息存储起来并逐个发送，消息返回时再经由它准确地送给原发送者。异步消息表示为半个箭头。同步消息与异步消息的表示法如图 8-5 所示。

同步消息　　　　　　　异步消息

图 8-5　同步消息与异步消息

建议：在使用顺序图的过程中，尤其是对于 UML 的初学者，很可能会因为复杂的消息符号而导致难以绘制和理解顺序图。在这里推荐一种做法，即所有的消息全部使用简单消息和返回消息的表示法来表示，可以使用不同颜色和字体的文字，在上方做这个消息的类型注释（是否传参，有何目的等），下方做这个消息的同步异步情况的注释。使用明确的文字而避免复杂的符号，可以大大提高顺序图的可读性。

8.3　顺序图中的结构化控制

在 UML 1.x 中，顺序图十分不擅长表示循环行为和条件行为。因此在 UML 2.0 以上的标准中，顺序图被赋予了更强大的能力。UML 标准给顺序图提供了"片段"（fragment）机制，一个片段有一个关键字，可以包含一个消息序列甚至更多子片段。新增的结构化控制操作符使得我们可以通过顺序图来表达更加复杂的动作序列。

在 UML 2 中将控制操作符表示为顺序图上的一个矩形区域，其左上角有一个写在一个小五边形内的标签，来表明控制操作符的类型。操作符对穿过它的生命线发挥作用。如果一条生命线刚好运行到操作符某一位置，操作符可以决定将其中断，并在操作符的另一位置重新开始。下面简要介绍几种常见的控制类型。

- 可选片段：关键字为 opt，表示一种单条件分支。如果对象生命线在进入操作符的时候满足中括号中的条件，那么操作符的主体就会得到执行。监护条件是一个用中括号括起来的布尔表达式，它可能出现在主体内部任何一条生命线的顶端，它可以引用该对象的属性。
- 条件片段：关键字为 alt，表示一种多条件分支。如果需要根据控制条件是否被满足而做出不同的决策，那么可以在条件执行的片段内部使用虚线隔开不同区域。当生命线运行到这一区域时，根据片段中注明的条件，选择其中一个区域执行。如果有多于一个监护条件为真，那么选择哪个分区是不确定的，而且每次执行的选择可能不同。如果所有的监护条件都不为真，那么控制将跨过这个控制操作符而继续执行。其中的一个分区可以用特殊的监护条件[else]，如果其他所有区域的监护条件都为假，那么执行该分区。
- 并行片段：关键字为 par，表示片段内有两个或更多的并行子片段。当顺序图执行到这一片段时,各子片段并行执行,各子片段中的消息顺序是不确定的,当所有的子片段均执行完毕,并行片段重新收拢到一起,回到同一个顺序流。如果不同的计算之间有交互存在,就不能用这种操作符。然而,现实世界中大量存在这种可分解为独立、并行活动的情况,因此这是一个很有用的操作符。

- 循环片段:关键字为 loop,表示一个循环。使用循环片段以及循环片段中的条件符号,可以得到一个循环结构,只要被包括在条件符号中的条件仍然满足,那么就继续进行循环块中的工作,直到循环条件为假,跳出循环块,进入下一段生命线。

- 交互片段:关键字为 ref,表示对一段交互的引用。在一个交互图中使用交互片段来引用其他交互图。其表示方法是在操作符为 ref 的片段矩形中写明引用的交互图名称。当有一段交互需要经常被执行时,可以使用交互片段将其预先"打包"成一个顺序片段,后面在需要再进入这一段流程时仅仅"调用"这一功能即可。

图 8-6 显示了一个登录用例的简单顺序图的表示法,其中使用了循环片段与可选片段。循环片段用来表示当密码输入错误时用户需要继续停留在登录页面填写密码;可选片段用来表示当密码输入成功时才显示登录成功的提示信息。

图 8-6　用户登录顺序图

8.4　顺序图的建模技术

使用顺序图的最常见的目的是对刻画整个系统的行为的控制流建模,包括用例、模式、机制、框架、类的行为,或是一个单独的操作。顺序图侧重于按时间顺序对控制流建模,强调按照时间展开消息的传送。对于一个复杂的控制流，可以建立许多顺序图，其中包含一个主干顺序图和多个分支顺序图，再通过包机制进行统一管理。

按时间顺序对控制流建模，要遵循以下策略：

- 设置交互的语境。交互语境即交互所在的环境，包括交互属于哪个系统、子系统，包含哪些类和对象，对应于哪个用例或协作的脚本等。

- 设置交互的场景，即识别对象在交互中扮演的角色，根据对象的重要性排列对象的顺序。一般比较重要的对象放在顺序图左边，其他对象放在右边。

- 为对象设置生命线。在大多数情况下，对象的生命线贯穿于整个交互过程中。对于那些在交互过程中被创建或销毁的对象，要识别其创建或销毁的时机，在适当的时候设置其生命线，并用带有正确构造型的消息显式地指出它们的创建和销毁。

- 按时间顺序排列消息。从引发这个交互的第一条消息开始，在对象的生命线之间按顺序依次画出交互过程中产生的消息，并标记出消息的特性（如参数、返回值及类型等）。在需要的时候，要解释消息的语义。在这一步骤执行完毕后，顺序图已经能大致发挥其对控制流建模的作用了。

- 设置激活期。如果需要可视化实际运行时各消息发送和接收的时间点，或者需要可视化消息的嵌套（UML 2 中通过激活的嵌套来表明消息的嵌套），需要用控制焦点修饰对象的生命线。

- 附加时间和空间约束。如果消息需要进行时间或空间的约束，例如某消息要在上一条消息发送 3 秒钟后发送，可以附上相关的约束信息。

- 设置前置与后置条件。每条消息都可以添加前置条件与后置条件，来更形式化地说明这个控制流。

建议：尽管顺序图起到沟通设计人员和编程人员、保证需求和实现之间妥善衔接的重要作用，但是在实际工作中，如果对所有交互都建立顺序图，这是一种耗时费力的低效做法。我们仍然要把效率的提高托付给编程人员，相信他们对于简单情况的快速实现能力。在一个大型项目中，可以考虑对一些长流程、消息复杂的用例进行建模，用例中一些小的扩展交互不需要被包括在内，只需要使用关键类描述重要的场景。

8.5　顺序图的变体——时间图

时间图（timing diagram）是 UML 2 中新增加的图，相当于另一种显示顺序图的方法。在顺序图中，时间信息在对象生命线中是隐式表示的；无法通过某一对象生命线的当前位置来判断其他对象的状态，也不能量化地显示时间。而时间图显式地展现了生命线上的状态变化和标度时间，可以应用到实时控制等系统中。

时间图与普通顺序图的不同之处主要表现在下列几处：

- 时间轴与对象轴交换了位置。在时间图中，纵向表示不同对象，横向表示时间的延伸。

- 不同对象的生命线在各自独立的矩形框中显示,矩形框纵向堆砌组成整个图。
- 对象可以有不同的状态(state)。每个对象的状态在其生命线的最左侧纵向排列,生命线通过上下起伏来表示对象当前所处的状态。
- 可以显示一个时间标尺。时间标尺上有时间刻度,用来表示时间间隔。
- 不同对象生命线上的时间是同步的。

图 8-7 显示了一个电子门禁系统在开锁时的时间图,图中有 scanner(读卡器)、processor(处理器)和 door(门)三个对象,对象之间传递消息的方式与顺序图类似。

图 8-7 时间图

从图 8-7 中可以看出以下的交互过程:当用户刷卡时,读卡器从 locked(已上锁)状态转换为 waiting(等待)状态,并发送 verify(验证)消息给处理器,而后处理器从 idle(闲置)状态转换为 verifying(验证中)状态。当处理器验证完毕时,发送 unlock(开锁)消息给读卡器,并转换为 enabled(启用)状态。读卡器接收到消息后从 waiting 状态转换为 open(开门)状态,同时门的状态从 locked 变为 unlocked(已解锁)。门打开 6 秒钟后(从时间标度可以看出),门自动变回 locked 状态,同时处理器发送 lock(锁门)消息给读卡器,读卡器再次转换为 locked 状态,处理器也变回 idle 状态。

8.6 实验:绘制"机票预订系统""登录"用例的顺序图

我们已经知道,顺序图可以用来描述一个用例或一个类操作的交互过程。一般来说,每个顺序图需要经历两个阶段。第一个阶段一般是在项目的需求建模阶段,此时的顺序图往

视频讲解

往是用来同客户确认用例的交互过程,此时一般使用业务语言来描述交互的对象及消息传递,以便客户或用户能够读懂。而且由于此时一般还没有进行类的分析与设计工作,因此对象一般不指定所属的类。第二个阶段一般是在项目的分析或设计阶段,此时顺序图多用于描述一个具体的交互过程,用来明确类操作的具体交互过程,此时图的目标不是客户,而是项目小组,包括设计人员、开发人员和分析人员。此时一般在顺序图中展示大量细节,将每个对象映射到类、每个消息映射到类的操作,有助于指导该交互的编程实现。

本节展示一个描述了机票预订系统中的"登录"用例的交互过程的第一个阶段顺序图,仅供读者参考。读者也可以自行尝试在此基础上进行完善。

1. 确定交互对象

创建顺序图的第一步就是要明确参与该交互的对象。我们注意到该用例由用户发起,因此,用户作为参与者是这个交互过程的发起者。此外,假设系统采用 MVC(即模型-视图-控制器)设计,因此参与这个交互的对象还包括用户界面、程序逻辑层以及程序数据库。

将确定的交互对象调整好顺序添加到顺序图中,如图 8-8 所示。

图 8-8　确定交互对象

2. 添加消息

在确定了参与交互的对象之后,就要在对象之间添加消息的传递了。我们可以很容易地分析出整个交互过程:用户首先在界面填写表单并确认,用户界面将用户填写的表单数据发送给程序逻辑层,逻辑层向程序的永久数据库发送请求来检查用户数据的合法性,接收到合法的返回消息后,程序逻辑层再向界面发送消息显示出登录结果。

按照分析的交互过程,向顺序图中添加消息,创建出完整的顺序图,如图 8-9 所示。

图 8-9   向顺序图中添加消息

小结

  本章主要介绍了顺序图的主要概念。顺序图一般用来描述多个对象参与的一个交互过程。顺序图主要由对象与消息构成,其中,对象的生命线与激活是顺序图特有的内容。顺序图可以按时间顺序对系统的控制流建模。本章最后还给出了绘制顺序图的实例。

习题 8

1. 选择题

(1) 顺序图是由对象、生命线、激活和(   )等构成的。

  A. 消息   B. 泳道   C. 组件   D. 线程

(2) 在 UML 的顺序图中将交互关系表现成一幅二维图,其中纵向是(   ),横向是

(   )。

  A. 时间,对象角色   B. 交互,消息

  C. 时间,消息   D. 交互,泛化

(3) 下列关于顺序图的说法不正确的是(   )。

  A. 顺序图是对象之间传送消息时间顺序的可视化表示

  B. 顺序图比较详细地描述了用例表达的需求

  C. 顺序图的目的在于描述系统中各个对象按照时间顺序的交互

  D. 在顺序图中,消息表示一组在对象间传送的数据,不能代表调用

(4) 在顺序图中,一个对象被命名为":B",该对象名的含义是(   )。

  A. 一个属于类 B 的对象 B   B. 一个属于类 B 的匿名对象

　　　　C. 一个所属类不明的对象 B　　　　　　　D. 非法对象名

（5）消息的组成不包括（　　　）。

　　　　A. 接口　　　　　　　B. 活动　　　　　　C. 发送者　　　　　　D. 接收者

（6）下列关于生命线的说法不正确的是（　　　）。

　　　　A. 生命线是一条垂直的虚线，用来表示顺序图中的对象在一段时间内存在

　　　　B. 在顺序图中，每个对象的底部中心的位置都带有生命线

　　　　C. 在顺序图中，生命线是一条时间线，从顺序图的顶部一直延伸到底部，所用时间
　　　　　　取决于交互持续的时间，即生命线表现了对象存在的时段

　　　　D. 顺序图中的所有对象在程序一开始运行的时候，其生命线都必须存在

（7）对象生命线的激活阶段表示该时间段此对象正在（　　　）。

　　　　A. 发送消息　　　　B. 接收消息　　　　C. 被占用　　　　　　D. 空闲

（8）若一个消息发送后接收者无法在指定时间内接收，则发送者放弃该消息，这种消息
的类型应为（　　　）。

　　　　A. 同步消息　　　　B. 异步消息　　　　C. 超时消息　　　　　D. 阻塞消息

（9）顺序图中的消息是以（　　　）顺序排列的。

　　　　A. 时间　　　　　　B. 调用　　　　　　C. 发送者　　　　　　D. 接收者

（10）顺序图的作用有（　　　）。

　　　　A. 确认和丰富一个使用语境的逻辑表达

　　　　B. 细化用例的表达

　　　　C. 有效地描述如何分配各个类的职责，以及这些类具有相应职责的原因

　　　　D. 显示在交互过程中各个对象之间的组织交互关系以及对象彼此之间的连接

2. 判断题

（1）顺序图从时间顺序上显示了交互过程中信息的交换。　　　　　　　　　　　　（　　）

（2）顺序图中元素的摆放顺序无关紧要。　　　　　　　　　　　　　　　　　　　（　　）

（3）顺序图中的对象可以在交互开始时已经存在，也可以在交互过程中才被创建。

　　　　　　　　　　　　　　　　　　　　　　　　　　　　　　　　　　　　　（　　）

（4）在顺序图中，对象的生命线一定会贯穿整个交互过程。　　　　　　　　　　　（　　）

（5）在顺序图中，所有对象的生命线一定会被一个销毁标记所结束。　　　　　　　（　　）

（6）激活表示在这一时间段内对象正在完成某项任务。　　　　　　　　　　　　　（　　）

（7）每条消息一定关联着至少两个不同的对象，即消息的发送者和接收者。　　　　（　　）

（8）在顺序图中，如果一个对象在接收到消息时还没有被激活，那么这条消息将会激活
这个对象。　　　　　　　　　　　　　　　　　　　　　　　　　　　　　　　　　（　　）

（9）信号就是调用类的操作。　　　　　　　　　　　　　　　　　　　　　　　　（　　）

（10）顺序图虽然能表示消息发送的事件顺序，却无法量化地表示出消息发送的具体
时间。　　　　　　　　　　　　　　　　　　　　　　　　　　　　　　　　　　　（　　）

3. 简答题

（1）什么是顺序图？顺序图有哪些组成部分？

（2）顺序图中的消息分为哪些？

（3）顺序图中对象的创建和销毁操作怎样表现？

（4）简述顺序图的建模方法。

4．应用题

（1）某银行系统的取款用例执行顺序如下：工作人员输入取款单，输入后，银行系统请求银行数据库匹配用户，进行身份验证，验证通过后，数据库注销相应存款，返回注销完成信息，银行系统在存折上打印取款记录。

请根据以上信息绘制顺序图。

（2）在某一学生指纹考勤系统中，有一个用例名为"上课登记"。此用例允许学生在上课前使用系统识别自己的指纹信息进而识别自己的身份，同时系统可以将登录信息存储在数据库中。

"上课登记"用例的主要事件流如下：

- 学生从系统菜单中选择"上课登记"；
- 系统显示指纹识别界面；
- 学生将手指放置于界面上；
- 系统捕获并识别学生的指纹，向学生返回识别的身份信息；
- 学生选择"确认"按钮；
- 系统生成一个关于该登记学生及当前日期、时间的新记录，并将该记录保存到数据库中。

请根据以上描述绘制"上课登记"用例的顺序图。

（3）在饮料自动销售系统中，顾客选择想要的饮料。系统提示需要投入的金额，顾客从机器的前端钱币口投入钱币，钱币到达钱币记录仪，记录仪更新自己的选择。正常时记录仪通知分配器分发饮料到机器前端，但可能饮料已售完，也可能用完了找给顾客的零钱而无法销售饮料。先写出"买到饮料"的场景、"饮料已售完"的场景以及"机器没有合适的零钱"的场景，然后根据场景，用 UML 分别表示出"买到饮料""饮料已售完"以及"无法找零"的顺序图。

第9章

通 信 图

前面已经学习用例可以使用顺序图的方式来描述其实现,具体方法是将执行用例相关的对象横向排列,按时间顺序以对象之间发送消息的方式进行连接。与此同时,本章将要介绍的通信图可以替代顺序图对用例的实现进行描述。两者对用例的实现表现的侧重点不同,通信图主要刻画在用例实现中参与到过程中的所有对象之间的交互和消息传递的结构组织。

9.1 什么是通信图

与顺序图相似,通信图也是用来表示一个交互过程的图。通信图(collaboration diagram,UML 1.x规范中称之为协作图)是表现对象协作关系的图,它展现了多个对象在协同工作达成共同目标的过程中互相通信的情况,通过对象和对象之间的链、发送的消息来显示参与交互的对象。

通信图强调参加交互的对象的组织。不同于顺序图,通信图明确显示了元素之间的关系;另一方面,通信图没有将时间作为一个独立的维度,因此消息的顺序和并发的线程必须通过序号来确定。

通信图中的元素主要有对象、消息和链三种。对象和链分别作为通信图中的类元角色和关联角色出现,链上可以有消息在对象间传递。图9-1展示了某个系统的"登录"交互过程的一个简要通信图。

在图9-1中,一个匿名的User类对象首先向登录界面对象输入用户信息,接着用户界面向用户数据对象请求验证用户信息是否正确并得到请求的返回结果,最后登录界面根据返回的结果向用户反馈对应的登录结果。

结合通信图的概念和图形表示,我们可以从结构和行为两个方面来分析通信图。从结构方面来看,通信图包含了一个对象的集合并且定义了它们之间的行为方面的关系,表达了一些系统的静态内容。然而通信图与类图等静态图的区别在于:静态图描述的是类元的内在固有属性,而通信图描述的则是对象在特定语境下才表现出来的特性。从行为方面来看,通信图与顺序图相似,包含了在各个对象之间进行传递交换的一系列的消息集合,以完成通信的目的。可以说,通信图中表示出了数据结构、数据流和控制流三者的统一。

通信图是一种描述协作在某一语境下的空间组织结构的图形化方式,在使用其进行建模时,主要具有以下三个作用。

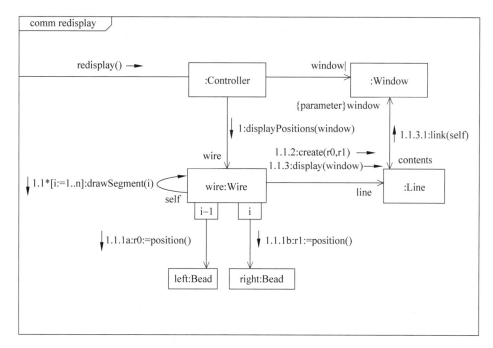

图 9-1 通信图

- 通过描绘对象之间消息的传递情况来反映具体使用语境的逻辑表达,这与顺序图的作用相似。
- 显示对象及其交互关系的空间组织结构。
- 表达一个操作的实现。

9.2 通信图的组成元素

通信图强调的是发送和接收消息的对象之间的组织结构,一个通信图显示了一系列的对象和在这些对象之间的联系以及对象间发送和接收的消息。本节主要介绍通信图的组成元素:对象、链和消息。

9.2.1 对象

通信图中的对象与顺序图中对象的概念相同,都是表示类的实例。不参与通信过程的对象不应添加在对应的通信图中,通信图只关注相互有交互作用的对象和对象关系,而忽略其他对象。由于通信图中不表示对象的创建与销毁,因此,对象在通信图中的位置没有限制。

通信图中对象的表示法也与顺序图中的表示法基本相同,使用包围对象名称的矩形来表示。与顺序图中对象的表示法不同的是,通信图中无法显示对象的生命线。图 9-2 显示了对象在通信图中的表示。

在通信图中,有时会有多个同类对象与其他对象之间进行交互。通信图支持多重对象的表示方式,用来表示一组同类型的对象在交互中执行同一个操作。这种特性表示为对象的多重性,通过在对象的右上角添加多重性标记来表示,如图 9-3 所示。

图 9-2 对象   图 9-3 对象的多重性

9.2.2 链

通信图中的链与对象图中的链在语义以及表示法上都相同，都是两个（或多个）对象之间的独立连接，是关联的实例。链同时也是通信图中关联角色的实例，其生命受限于通信图的生命。

链用一条实线段来表示，这条线段连接了两个在交互过程中发生了直接关联的对象。链连接的两个对象之间允许在交互执行过程中进行消息传递和交互。UML 也允许对象自身与自身之间建立一条链。链可以通过对自己命名来进行区分和说明，也可以仅仅做连接而不进行命名。链的表示法如图 9-4 所示。

图 9-4 链

需要注意的是，在通信图中出现的链是动态关联的实例。与动态关联相对的是静态关联。一般情况下，类与类之间的关联关系是在系统运行之前就设计在系统结构当中的，所以这种形式的关联称作静态关联。但在通信图中，由于各个对象可能在生命周期中参与多个不同的通信，并且需要考虑到模块化和低耦合性需求，所以各个对象之间的链是在运行时即时发生的，在必要的消息传递完毕之后，这种关系可能不复存在。

9.2.3 消息

通信图与顺序图相似，同样使用消息来帮助描述系统的动态信息。两种图中消息的作用也基本相同，都是从一个对象（发送者）向另一个对象（接收者）发送信号，或由一个对象（发送者或调用者）调用另一个对象（接收者）的操作。通信图的消息需要附加在对象之间的链上，链用于传输或实现消息的传递。

通信图中的消息通过在链的上方或下方添加一个短箭头来表示，如图 9-5 所示。消息的短箭头指向消息的接收者，一条消息触发接收者的一项操作。消息的名称显示在消息箭头旁，通常需要使用阿拉伯数字作为序号来表示通信图中发送消息的顺序。

图 9-5 消息

UML 2 规范中的通信图相比于 UML 1.x 规范对消息的分层问题提供了一个新的解决方案——强制分级编号规则，即任何的编号都需要有层级，如最上层的（也就是级别最高的)消息使用阿拉伯数字进行编号；下一层级的消息被注明为 1.1,1.2,…；以此类推。之所以强制消息序号的分级书写,是要保证在包含自连接以及其他复杂的消息路径时,仍然不会导致消息时序的歧义。并且在消息序号当中可以包含一些字母标识,例如,消息 1a1 和消息 1b1 在通信图中是合法的消息序号。消息 1a1 和 1b1 可以表示在消息 1 内存在并发的 a、b 两个线程,其中 1a1 代表消息 1-a 线程-第一个消息,1b1 表示的含义也同理。虽然使用字母的方式不一定能解决并发的图形表示问题,但是已经减少了 UML1.x 中通信图的名称歧义问题。

在大多数情况下,通信图是对单调的、顺序的控制流建模。然而,也可以对包括迭代和分支在内的更复杂的流建模。迭代表示消息的重复序列。为了对迭代建模,在消息的序号前加一个迭代表达式,如 *[i=1..n](如果仅想表明迭代,并不想说明它的细节,则只加 * 号)。迭代表示该消息(以及任何嵌套消息)将按给定的表达式重复。迭代消息的表示方法如图 9-6 所示。

图 9-6　迭代的消息

类似地,条件表示消息执行与否取决于一个布尔表达式的值。对条件建模时,在消息序号前面添加一个条件子句,如[x>0]。一个分支点上的多个可选择的路径采用相同的序号,但每个路径必须由不重叠的条件唯一区分。

对于迭代和分支,UML 并没有规定括号中表达式的格式,可以使用伪代码或一种特定的编程语言的语法。

通信图中的消息也可以有各种类型,这些类型对消息的主动性、并发性进行了描述。其具体语义在第 8 章已经进行了详细介绍,此处不再赘述。

9.3　通信图与顺序图

通信图与顺序图都用来对系统中的交互建模,并描述了对象间的动态关系。通信图与顺序图之间有着密切的联系。

通信图与顺序图的共同点主要有如下三点：
- 主要元素相同。两种图中的主要元素都是对象与消息,且都支持所有的消息类型。
- 表达语义相同。两种图都是对系统中的交互建模,描述了系统中某个用例或操作的执行过程,二者的语义是等价的。
- 对象责任相同。两种图中的对象都担任了发送者与接收者的角色,并承担了发送与接收消息的责任。通过对象之间消息的传递来实现系统的功能。

两种图之间的不同点有如下三点：
- 通信图偏重于将对象的交互映射到连接它们的链上,这有助于验证类图中对应的类之间关联关系的正确性或建立新的关联关系的必要性。然而顺序图却不表示对象之间的链,而是偏重描述交互中消息传递的逻辑顺序。因此通信图更适用于展示系统中的对象结构,而顺序图则擅长表现交互中消息的顺序。

- 顺序图可以显式地表现出对象创建与撤销的过程,而在通信图中,只能通过消息的描述隐式地表现这一点。
- 顺序图还可以表示对象的激活情况,而对于通信图来说,由于缺少表示时间的信息,因此除了对消息进行解释,无法清晰地表示对象的激活情况。

由于通信图与顺序图所表达的语义是等价的,因此它们之间可以在不丢失语义信息的情况下互相转化。

9.4　通信图的建模技术

通信图描述了一个用例或协作的实现当中各个对象交互的控制流。当我们对贯穿一个用例或协作的对象和角色的控制流建模时,可以使用通信图。由于通信图强调对象在结构的语境中的消息的传递,因此这种建模方法被称为按组织对控制流建模。

和任何其他的 UML 图一样,绘制通信图也是出于一种让对象结构便于理解的目的。如果在描述一个简单过程时绘制了太多通信图,或是通信图中出现了冗余元素,都会起到干扰思维、影响设计人员和编程人员理解的反作用。为了精要、完整地进行通信图建模,可以采用以下思路和步骤:

- 识别交互的语境,即交互所处的环境。
- 识别出图中应该存在的对象。仔细分析这个通信图对应的交互过程,识别出在交互中扮演了某一角色的对象。将这些对象作为通信图的顶点放在图中,一般比较重要的对象放置在图中间,关系邻近的对象依次向外放置。
- 识别可能有消息传递的对象并设置链。找到了对象之后,分析在执行过程中哪些对象之间产生了直接关联或相互发送过消息,把这些相互之间存在直接关系的对象使用链连接在一起。
- 设置对象间的消息。在得到基本的消息路径后,再开始着重处理消息。依次考查那些存在链的对象,找出它们之间进行了怎样的调用、发送了怎样的信号或参数,把这些调用、信号、参数(携带参数或本身作为参数的类)转化成消息,附加在各个关联关系的横线上。
- 如果需要更多约束,如时间或空间的约束,可以使用其他的约束来修饰这些消息。

至此,一个通信图的建模过程基本完成。如果在通信图绘制完成之后发现在关联关系中有不合理的可见性约束,可以再对其构造型进行修改。另外,在建模中如果希望对控制流添加更多描述,可以给重要的消息注明前置或后置条件,还可以使用修饰或其他注释事物进行更为详细的解释。

视频讲解

视频讲解

9.5　实验:绘制"机票预订系统""查询航班"用例的通信图

与顺序图相似,通信图在设计时也同样经历两个阶段。本节以机票预订系统中的"查询航班"用例为实例,简要介绍通信图的创建过程。

1. 确定交互对象

创建通信图的第一步也是要确定参与该交互的所有对象。我们可以从情境中确定参与该用例交互过程的对象有系统查询界面、系统控制对象（对应于 TicketManagement 类的对象）、航班类（对应于 Flight 类）对象以及机票类（对应于 Ticket 类）对象。需要注意的是，在查询操作中需要有多个航班类对象与机票类对象参与，因此二者使用多重对象来表示。将确定好的对象添加到通信图中，如图 9-7 所示。

图 9-7 确定交互对象

2. 确定对象间的链

在确定了参与交互的对象之后，需要在存在联系和有消息传递的对象之间用链连接起来。添加链之后的通信图如图 9-8 所示。

图 9-8 确定对象间的链

3. 添加消息

制作通信图的最后一步就是在链上按顺序添加消息来表达整个交互过程。在这一情境中，可以梳理出对象之间发送消息的顺序如下：系统查询界面向系统控制对象发送查询请求以及查询条件，系统控制对象根据查询条件筛选出符合条件的航班并向每个符合条件的航班发送查询余票请求，航班对象接收到请求后向该航班上的所有机票对象请求检查机票是否可用并得到返回消息，然后向系统控制对象发送航班余票信息，最后系统控制对象将查询结果发送给系统查询界面。

将消息添加到通信图中，得到完整的交互图，如图 9-9 所示。

图 9-9 添加消息

小结

本章介绍了通信图的相关内容。通信图主要由对象、链以及消息构成。与顺序图相似，通信图也用来描述一个交互过程，然而二者表达的侧重点不同。当对贯穿一个用例或协作的对象和角色的控制流建模时，可以使用通信图。通信图用来对按组织对控制流建模。本章还介绍了绘制通信图的操作与具体步骤。

习题 9

1. 选择题

（1）对一次交互过程中有意义的对象间关系建模，并且着重刻画对象间如何交互以执行用例的图是（　　）。

    A. 用例图　　　　　　B. 组件图　　　　　　C. 部署图　　　　　　D. 通信图

（2）下列关于通信图的说法错误的是（　　）。

    A. 通信图是对一次交互过程中有意义的对象和对象间交互建模

    B. 通信图显示了对象之间如何协作以完成一个用例或用例特定部分的功能

    C. 通信图的重点在于描述系统中各个对象交互的时间顺序

D. 通信图中表现的交互双方不一定彼此可见

（3）下列 UML 图中与通信图建模的内容相同的是（   ）。

    A. 顺序图   B. 类图   C. 用例图   D. 状态机图

（4）下列关于通信图与顺序图中的对象的相同点的叙述,正确的是（   ）。

    A. 两种图中都可以表示对象的创建和销毁

    B. 对象在两种图中的位置都没有任何限制

    C. 对象在两种图中的表示方式完全一致

    D. 对象名在两种图中的表示完全一致

（5）在通信图中用来连接对象与对象的元素是（   ）。

    A. 关联关系   B. 链   C. 生命线   D. 消息

（6）下列关于通信图中链的叙述,正确的是（   ）。

    A. 通信图中的链与对象图中的链在语义以及表示法上都相同

    B. 在通信图中,链一定连接了两个不同的对象

    C. 在通信图中,链可以添加可见性修饰来表示两端对象对整条链的可见性

    D. 通信图中对象之间的链一定在整个软件的生命周期内都存在

（7）若想在通信图中表示链关联的对象在整个系统中全局可见,则应该对链的一端添加字母（   ）作为修饰符。

    A. F   B. G   C. P   D. L

（8）通信图中的消息类型不包括（   ）。

    A. 简单消息   B. 返回消息   C. 函数消息   D. 异步消息

（9）通信图的作用是（   ）。

    A. 显示对象及其交互关系的时间传递顺序

    B. 表现一个类操作的实现

    C. 显示对象及其交互关系的空间组织结构

    D. 通过描绘对象之间消息的传递情况来反映具体的使用语境的逻辑表达

（10）下列选项中不属于通信图与顺序图的共同点的是（   ）。

    A. 表达语义相同,都是对系统中的交互建模

    B. 对象责任相同,都担任了发送者与接收者的角色

    C. 主要元素相同,都是对象与消息作为主要元素

    D. 对象表示相同,都可以显式地体现出对象的生命周期

2. 判断题

（1）通信图将对象和时间作为两个维度在图中表示。   （   ）

（2）通信图是表现对象协作关系的图,它展现了多个对象在协同工作达成共同目标的过程中互相通信的情况。   （   ）

（3）通信图的主要组成元素包括对象、链、生命线和消息。   （   ）

（4）通信图中应该表示出交互发生的时刻系统中存在的所有对象。   （   ）

（5）由于交互时可能会有一组同类型的对象在交互中执行同一个操作,因此通信图提供了多重对象的概念。   （   ）

（6）在通信图中，只有通过链连接的对象才能进行消息传递和交互。　　　（　　）

（7）与关联关系相似，UML也允许对象自身与自身之间建立一条链。　　　（　　）

（8）在通信图中出现的链是静态关联的实例。　　　（　　）

（9）就语义和表示法而言，通信图中的消息与顺序图中的消息完全相同。　　　（　　）

（10）因为通信图无法表示出对象在交互时的激活，顺序图也无法表示出交互过程中对象间的链，因此两种图所表达的语义是完全不等价的。　　　（　　）

3．简答题

（1）什么是通信图？简要说明通信图的作用。

（2）简述通信图的组成部分。

（3）简述通信图和顺序图的异同。

4．应用题

（1）某银行系统存款处理过程如下：

① 系统将存款单上的存款金额分别记录在存折和账目文件中。

② 将现金存入现金库。

③ 最后将打印后的存折还给储户。

请分析此交互过程所涉及的系统对象，并结合存款处理流程绘制通信图。

（2）对于某在线购物系统，主要有以下三个交互过程。

① 登录：用户申请登录系统，系统验证用户身份的有效性。

② 购物：用户浏览系统的搜索页面，搜索到目标商品，并将之添加到购物车。

③ 结算：用户结算购物车内的所有商品，更新库存并创建订单。

绘制通信图来表示这三个交互过程。

（3）在饮料自动销售系统中，顾客选择想要的饮料。系统提示需要投入的金额，顾客从机器的前端钱币口投入钱币，钱币到达钱币记录仪，记录仪更新自己的选择。记录仪通知分配器分发饮料到机器前端。根据场景，用UML分别表示出"买到饮料"这一操作的通信图。

第10章

状态机图

　　状态机图是系统分析过程中的一种常用图,可以帮助分析人员、设计人员以及开发人员理解系统中各个对象的行为。本章将主要介绍状态机图的基本概念。

10.1　什么是状态机图

　　状态机图是描述一个实体基于事件反应的动态行为,显示了该实体如何根据当前所处的状态对不同的事件做出反应。状态机图就是对一个状态机建模。本节主要介绍状态机图与状态机的相关概念。

10.1.1　状态机

　　状态机(state machine)是一种行为,它说明对象在其生命周期中响应事件所经历的状态变化序列以及对那些事件的响应。简单来说,状态机就是表示对象状态与状态转换的模型。在计算机科学中,状态机的使用十分普遍,在系统控制、编译技术、机器逻辑等领域都起着非常关键的作用。例如,在编译技术中就使用有穷状态机来描述词法分析的过程。

　　UML 中的状态机模型主要来源于对 David Harel 工作成果的扩展,由对象的各个状态和连接这些状态的转换组成。状态机常用于对模型元素的动态行为建模,更具体地说,就是对系统行为中受事件驱动的方面建模。一般情况下,一个状态机依附于一个类,用来描述这个类的实例的状态及其转换,和对接收到的事件所做出的响应。此外,状态机也可以依附在用例、操作、协作等元素上,描述它们的执行过程。使用状态机考虑问题时习惯将对象与外部世界分离,将外部影响都抽象为事件,所以适合对局部、细节进行建模。

　　从某种意义上说,状态机是一个对象的局部视图,用来精确地描述一个单独对象的行为。状态机从对象的初始状态开始,响应事件并执行某些动作,从而引起状态的转换;在新状态下又继续响应事件并执行动作,如此循环进行到对象的终结状态。

　　状态机主要由状态、转换、事件、动作和活动五部分组成。

- 状态(state)表示对象的生命周期中的一种条件或情况。对象的一种状态一般表示其满足某种条件,执行某种活动或等待某个事件。
- 转换(transition)表示两种状态间的一种关系。它指明当特定事件发生或特定条件满足时,处于某状态的对象将执行某一动作或活动并进入另一状态。

- 事件（event）表示在某一时间与空间下所发生的有意义的事情。在状态机的语境下，事件往往会是触发一个状态转移的激励。
- 动作（action）表示一个可执行的原子操作，是 UML 能够表达的最小计算单元。所谓原子操作，是指它们在运行过程中不能被中断，必须执行至动作结束。动作的执行最终将导致状态的变更或返回一个值。
- 活动（activity）表示状态机中的非原子执行，一般由一系列动作组成。

10.1.2　状态机图

UML 1.x 规范中状态机图（state machine diagram）称状态图（statechart diagram），是一个展示状态机的图。状态机图基本上就是一个状态机中元素的投影，这也就意味着状态机图包括状态机的所有特征。状态机图显示了一个对象如何根据当前状态对不同事件做出反应的动态行为。

状态机图主要由状态和转换两种元素组成。图 10-1 显示了某网上购物系统中订单类的一个简单状态机图。状态机从初态开始，首先转换为"审核中"状态。此时如果用户立即支付，则直接转换到"审核完成"状态而进入终态；而如果用户不立即支付，则进入"等待支付"状态。当订单对象处于"等待支付"时，如果用户在时限内及时支付，则同样转换到"审核完成"状态，然后进入终态；而如果超过时限却没有支付，则转换到"审核失败"状态，进入终态。

图 10-1　状态机图

状态机图用于对系统的动态方面进行建模,适合描述一个对象在其生命周期中的各种状态及状态的转换。与前面讲过的交互图相比,交互图关注的是多个对象的行为,而状态机图只关注一个对象的行为;交互图只表示一个交互过程中的对象行为,而状态机图则可以显示对象的所有行为。

状态机图的作用主要体现在以下几点:

- 状态机图描述了状态转换时所需的触发事件和监护条件等因素,有利于开发人员捕捉程序中需要的事件。
- 状态机图清楚地描述了状态之间的转换及其顺序,这样就可以方便地看出事件的执行顺序,状态机图的使用节省了大量的描述文字。
- 清晰的事件顺序有利于开发人员在开发程序时避免出现事件错序的情况。
- 状态机图通过判定可以更好地描述工作流在不同的条件下出现的分支。

10.2 状态机图的组成元素

状态机图用于显示状态集合、使对象达到这些状态的事件和条件以及达到这些状态时所发生的操作。它代表一个状态机,由状态组成。各状态由转移连接在一起。本节将重点介绍简单状态、转换、伪状态以及复合状态这四种元素。

10.2.1 简单状态

状态是状态机图的重要组成部分,它描述了一个对象稳定处于的某一个持续过程或所处状况,与动态行为的执行所产生的结果。当对象满足某一状态的条件时,该状态被称为激活的。

在 UML 中,状态分为简单状态与复合状态。简单状态就是没有嵌套的状态,一般表示为具有一个或两个分栏的圆角矩形。初态(initial state)和终态(final state)是两个特殊的状态,分别表示状态机的入口状态和出口状态。对于一个不含嵌套结构的状态机,只能有一个初态,可以有一个或多个终态甚至没有终态。初态表示为一个小的实心圆,终态表示为初态的符号外部再围上一个圆。图 10-2 显示了简单状态的各种表示法。

简单状态的省略表示　　　　简单状态的完整表示　　　　初态　　　终态

图 10-2　简单状态

注意:实际上,初态在 UML 中被定义为一种伪状态。这里按照更易于理解的方式将其归为一个特殊的状态,不对此过度深究,后面会进一步说明。

状态一般由状态名称、子状态、入口动作和出口动作、内部执行活动、内部转换和可推迟事件组成。对于简单状态而言，不会有子状态出现。

　　建议：本节下面内容主要讲解状态内部所包括的内容。由于状态内部构造比较复杂且与转换、动作、事件等概念有交叉，建议初学 UML 的读者暂时跳过这一部分，待学习并理解了 10.2.2 节的内容后再阅读这一部分。

1. 状态名称

　　状态名称可以把一个状态与其他状态分别开来，即状态名称必须在当前层次内保持唯一。在实际使用中，状态名称一般为直观易懂的名词短语，要能清楚地表达当前状态的语义。当然，状态名称不是必需的，没有名称的状态被称为匿名状态。不同匿名状态的数目不限。

　　在表示法上，状态名称显示在状态图形的上面的分栏中，其他内容均显示在图形下面的分栏中。

2. 入口动作与出口动作

　　入口动作与出口动作是一个 UML 提供的特殊概念，它们表示由其他状态转移到当前状态或从当前状态转移到其他状态时要附带完成的动作。这些活动的目的是封装这个状态，这样就可以不必知道状态的内部细节而在外部对它进行使用。例如，某系统"文件"类的状态机有"分析文件"这一状态，那么我们就可以设定其入口动作为"打开文件"，出口动作为"关闭文件"。

　　在表示法上，入口动作和出口动作表示为"entry /动作表达式"和"exit /动作表达式"格式，例如上一段例子中的入口动作和出口动作就可以被表示为"entry/打开文件"与"exit/关闭文件"。

3. 内部执行活动

　　状态可以包含有内部执行活动。当对象进入一个状态时，在执行完入口动作后就开始执行其内部动作。如果内部执行动作完成后，状态就将触发等待转换的活动以进入下一状态。由于活动是非原子的，因此如果内部活动执行过程中触发了转换，则内部执行活动将被中断结束。

　　在表示法上，内部执行动作使用"do/活动表达式"来表示。例如，上述例子中"分析文件"的内部执行动作可以被简要表示为"do/提取文件中的每一个字符并……"。

4. 内部转换

　　内部转换指的是不导致状态改变的转换。相比于普通的转换，内部转换只有源状态而没有目标状态。如果某一事件发生时，对象正处于拥有该内部转换的状态中，则内部转换上的动作将会被执行。简单地说，内部状态可以被理解为对象在某个状态下不改变状态而对事件进行响应。由于内部转换不改变状态，因此转换时不会执行入口动作或出口动作。例如，某个系统"表单"类的状态机中有"填写密码"的状态，用户每输入一个密码字符时系统都将触发执行判断密码强度的动作，然而这一转换的执行并没有改变当前"输入密码"的状态，因此这就可以作为当前状态的内部转换来执行。

在表示法上,内部转换不是采用箭头的方式来表示,而是同样使用文字标识附加在表示状态的圆角矩形里面,完整格式为"事件名称(事件参数)/活动表达式"。在事件没有参数时可以使用"事件名称/活动表达式"这一简单的格式。例如,上一段例子中的内部转换就可以使用"用户输入字符/判断当前密码强度"来表达。

5．可推迟事件

可推迟事件是一种特殊的事件,它不会触发状态的转换,且当对象处于该状态时事件可能会被推迟,但不会丢失。例如,对于某个单任务的下载工具,当第一个任务正在被下载时,第二个任务开始的事件就将被推迟至当前任务完成后。这种可推迟事件的实现一般会使用一个内部的事件队列。UML 提供这样一种似乎有些违反状态机的原来规则的事件,是因为在某些情况下,外部提供给系统对象的一些事件是重要的、不可忽略的,但在当前状态下不便处理,所以只能暂时缓存,等待系统到达一个合适的状态后再逐个地处理它们。

可推迟事件使用保留的活动名称 defer 来表示,格式为"事件名称/defer"。上一段例子中的可推迟事件可以表达为"下载新任务/defer"。

10.2.2　转换

转换是两种状态间的一种关系。它指明当特定事件发生或特定条件满足时,处于某状态(源状态)的对象将执行某一动作或活动并进入另一状态(目标状态)。转换可以理解为状态与状态之间的关联,即从一个状态转变到另外一个状态的过渡。这个状态的变化过程称为转换被激发。

转换表示为从源状态指向目标状态的实线箭头,并附有转换的标签。转换的标签格式如下:

事件名称$_{opt}$⌊[监护条件]⌋$_{opt}$⌊/效果列表⌋$_{opt}$

一个完整的转换及其标签如图 10-3 所示。

图 10-3　转换

从转换的表示法与标签格式上可以看出,对于一个转换,除了源状态、目标状态外,还要有事件、监护条件和效果列表等内容。这三个部分的内容对转换不是必需的,在使用时要根据转换所表达的具体语义来添加相应内容。

1．事件

事件是在某一时间与空间下所发生的有意义的事情,是系统执行中发生的值得建模的事物。事件可以理解为能被对象探知到的一种变化,它发生在某个时间点上。

事件不会显式地出现在模型中,它一般被状态或转换所发送和接收。在转换中被接收的事件也被称为该转换的触发器(trigger)或触发事件,即只有当源状态下的对象接收到该事件后才可能发生状态转移。

事件包含一个参数列表（可能为空），用于从事件的产生者向其接收者传递信息。在转换触发器的语境下，这些参数可以被转换使用，也可以被监护条件及效果列表中的动作所使用。

　　对应于触发器转换，没有明确的触发器的转换称为结束转换或无触发器转换，是在状态的内部活动执行完毕后隐式触发的。

　　能够在触发器中接收的事件有以下四种：

　　（1）调用事件（call event）。调用事件表示对象接收到一个调用操作的请求。其期待的结果是事件的接收者触发一个转换并执行相应的操作，事件的参数包括所调用的操作的参数。转换完成后，调用者对象将收回控制权。简单地说，调用事件就是转换状态并通知调用对象的某成员方法的事件。如图 10-4（a）所示，对于一个操作系统中的图标对象，开始时是未选中状态。当鼠标在该图标位置单击时，图标变为已选中状态。该点击事件需要执行系统中的 click 操作，因此属于调用事件。

　　（2）改变事件（change event）。改变事件的发生依赖于事件中某个表达式所表达的布尔条件。改变事件没有参数，要一直等到条件被满足才能发生。如图 10-4（b）所示，对于一个光控的灯光系统，灯光一般为熄灭状态，只有当光照强度小于 20 时灯才打开，这就是一个改变事件引起的状态转换。改变事件在表达时一般使用 when 来辅助表示。

　　（3）信号事件（signal event）。信号是对象之间通信的媒介，是一种异步机制。信号由一个对象准确地送给另一个或一组对象。在实际中，为了提高效率，信号可能通过不同的方式实现。发送给一组对象的信号可能触发每个对象的不同转换。如图 10-4（c）所示，对于一个操作系统中的文件浏览器，当按下键盘上的 Shift 键时系统为多选模式，即可以选择多个文件；当释放 Shift 键时为单选模式，即只能选中一个文件。Shift 键的按下与释放就可以通过信号事件来传递。

　　（4）时间事件（time event）。时间事件的发生依赖于事件中的一个时间表达式。例如，可以让对象进入某状态后经过一段给定的时间或到达某个绝对时间后发生该事件。如图 10-4（d）所示，对于一个自动门控制系统，系统控制门打开 5 秒钟后自动关闭，这一状态转换的触发器就是一个时间事件。时间事件在表达时一般使用 after 来辅助表示。

图 10-4　事件

2．监护条件

监护条件(guard condition)是转换被激发之前必须满足的一个条件。监护条件是一个布尔表达式，可以根据触发器事件的参数、属性和状态机所描述的对象的链接等写成。当转换接收到触发事件后，只有监护条件为真，转换才能被激活。

需要注意的是，对监护条件的检验是触发器计算过程的一部分，对于每个事件监护条件只检查一次。如果事件被处理时监护条件为假，那么除非再次接收到一个触发事件，将不会再重新计算监护条件的值。

例如，在图 10-4(a)中，触发器 click 事件带有两个参数 posX 与 posY 来表示鼠标单击的位置。此时需要满足监护条件即单击位置与图标位置一致的条件，图标才可以切换至选中状态；否则，说明鼠标单击的是其他位置，转换不会激活，需要等待下一次单击事件的接收。

3．效果列表

效果列表(effect list)是一个过程表达式，在转换被激活时执行，表示转换附加的效果。效果列表包括多个动作，可以根据操作、属性、拥有对象的连接、触发器事件的参数等写成。动作可以是一个赋值语句、算术运算、发送事件、调用对象的属性或操作、创建或销毁对象等。效果的表达语法与其实现的具体内容有关。

例如，在图 10-4(d)所对应的例子中，可以让门在自动关上时发出提示音，这就是转换带来的效果，其表示法如图 10-5 所示。

图 10-5　效果列表

10.2.3　伪状态

伪状态(pseudostate)指的是在状态机中具有状态的形式，但却具有特殊行为的顶点。伪状态实际上是一个瞬间的状态，它实际上帮助描述或增强了转换的语义细节。当一个伪状态处于活动状态时，系统不会处理事件，而是瞬间自动转换到另一个状态，并且这种转换是没有事件进行显式触发的。

状态机图中有很多种不同的伪状态。最常见的伪状态包括初态、选择、分叉与结合、历史状态等。本节只介绍初态和选择，关于其他伪状态，会在必要时陆续进行说明。

1．初态

在 10.2.1 节的一开始，已经介绍过了初态的概念。当我们再次审视这一概念时，可以发现，它似乎更符合伪状态的定义。初态实际上不是一个真正的状态，它更像是状态机的入口。因为初态的具体语义概念是模糊的，即它不代表对象的任何具体状态。初态是瞬时的，同时初态进入下一个状态是自动转换的，不能存在触发器进行触发，否则对象将可能会长时间停留在一个语义不明的初态中。

2. 选择

选择（choice）是状态机中的一个伪状态节点,用于表达状态机中的分支结构。

一个选择节点将一个转换分割为两个片段。第一个片段可以包含一个触发器,主要用于触发转换,并且可以执行相应操作。选择节点后的片段一般具有多个分支,每个分支都包含一个监护条件。当执行到选择节点时,第二个片段上的监护条件将被动态计算,其中监护条件为真的一个分支会被引发,状态机成功转移到这个分支的下一个状态。

为了保证模型是良构的,选择节点不同分支上的监护条件应该覆盖所有情况,否则状态机将不知道如何运行。为了避免这种错误的发生,可以将其中一个分支的监护条件使用[else]表示,当其他分支的监护条件都为假时,将执行这一条分支。

选择条件可以被视为一个受限的简单状态,其限制是输出转换之一必须被立即激活且转换只能包含监护条件。

在状态机图中,选择节点使用菱形表示。图 10-6 显示了某系统"登录表单"类使用选择节点的一张简易状态机图。

图 10-6 选择

10.2.4 复合状态

在本章前面介绍的内容中,所涉及的状态都是不包含嵌套子结构的简单状态。然而,在建模过程中,需要表现的状态可能会很复杂,这时就需要用到复合状态来进行建模。

复合状态是指包含有一个或多个嵌套状态机的状态。当想要描述的系统非常复杂,而有一些状态又构成了紧密的相互关联的时候,我们可以先将一部分细小的状态组合成一个状态机,把这个新的状态机作为总状态图中的一个复合状态来呈现。复合状态中包含的状态称为子状态。复合状态可以分为非正交复合状态与正交复合状态。

1. 非正交复合状态

非正交复合状态,在 UML 1. x 规范中被称为顺序复合状态,是仅包含一个状态机的复合状态。当非正交复合状态被激活时,只有一个子状态会被激活。它只增加了一层子结构,没有增加额外的并发性。

例如,在一个游戏中需要有对于游戏角色的动画控制,这个角色的动画控制就可以使用一个状态图来描述。例如,这个游戏角色在地面上可以站立、蹲下、行走、跑动和起跳,但在空中的时候就没有什么可选动作,只能随重力的作用随时准备着地了。那么我们可以先设计一个 Ground 状态机,在 Ground 状态机中定义了 Stand(站立)、Squat(蹲下)、Walk(行走)、Run(跑动)这几个状态和它们之间的状态转移,在这里排除了"起跳",因为这实际上是地面状态到空中状态的一个转换。之后把 Ground 本身作为一个状态,和 Fly(空中)状态以起跳事件作为转移触发点进行关联,一个比较复杂的行为规范就已经通过复合状态的方式来巧妙解决了,其状态图如图 10-7 所示。

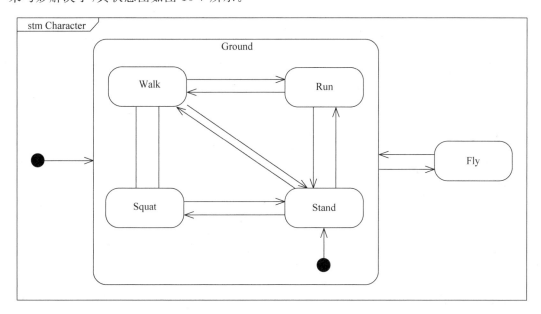

图 10-7 非正交复合状态

2. 正交复合状态

当一个复合状态中包括两个或多个并发执行的子状态机时,这个复合状态称为并发复合状态,也称正交复合状态。正交复合状态将复合状态分成若干个正交区域,每个区域都有一个相对独立的子状态机。如果该正交复合状态是激活的,那么该状态中每个区域都将有一个状态是激活的。

例如，选修了某门课程的学生需要完成课程任务与期末考试才能获得课程通过。在课程任务与期末考试完成前应该属于课程的"未完成"状态。然而，这个"未完成"状态的两个部分是相互独立的，因此可以使用正交复合状态进行描述。

对于正交复合状态的表示法，UML 1.x 与 UML 2 规范略有不同，分别如图 10-8 和图 10-9 所示。读者在建模时可以根据使用的建模工具所支持的表示法进行绘制。

图 10-8　正交复合状态的 UML 1.x 表示法

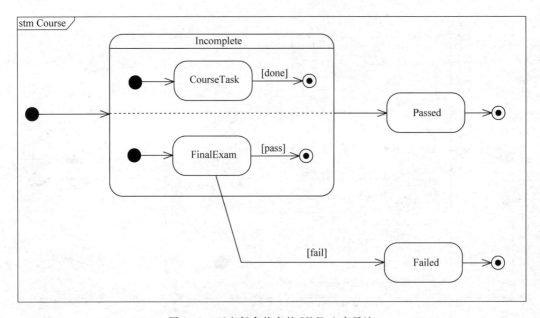

图 10-9　正交复合状态的 UML 2 表示法

3. 历史状态

历史状态(history state)是应用于复合状态的一种伪状态，它代表上次离开该复合状态时的最后一个子状态。当一个来自复合状态外的历史状态转换为复合状态内的历史状态时，将使历史状态所记录的子状态被激活。

历史状态表示为复合状态中的一个被小圆圈包围的"H"符号。图 10-10 显示了一个文本编辑软件的状态图片段。该系统允许用户在页面视图和 Web 视图下编辑文本并支持两种视图的互相切换。当系统接收到"打印预览"的事件时,系统将转移到打印预览视图。而当用户退出打印预览视图时,系统应当切换为进入打印预览视图前的视图状态,即所谓的历史状态。

图 10-10　历史状态

除了历史状态,UML 还定义了深历史状态的概念。深历史状态与历史状态所不同的是,历史状态保存的是当前嵌套层次下的子状态,而深历史状态保存的则是更深的嵌套层次中的子状态。深历史状态使用一个被小圆圈包围的"H ∗"符号表示。

10.3　状态机图的建模技术

状态机图可以为一个在不同条件下对外反应不同的对象的生命周期建模,通常具有这种特点的 UML 元素都有三方面的明显特征:在确定的条件下对象处于可知的稳定状态;在某个稳定状态下,存在某些确定的事件使得当前状态跳转到下一个稳定状态,并且这种跳转不可以中断;在不同的状态下,对象对外开放的接口、行为等一般不同。

在这三个特征中,第一个保证了建立状态机图的基础,即对象不是时刻变化的,它总有一段时间会给出特定的行为;第二个特征确保了状态机是合理的:如果一个对象的状态转移规则是不确定的——例如可能出现从状态 A→接受事件 e→转移到事件 B,而在完全相同的状态下,A 状态下发生事件 e,却转移到另外一个事件 C 这样的情况——这个对象是无法使用状态机来描述的;第三个特征保证了状态机图建模的必要性,如果一个对象有若干个状态,而它处于这些状态时对于我们关心的领域而言给出的接口基本不变,那么对这个对象建立状态机图就没有意义。并且,根据先前提到的原则,状态是一个对象在某些条件下表现出的明显状态——如果几个状态从外部看去并不能加以区分,那么它就是一个状态。

使用状态机图为对象的生命周期建模,可以参考如下步骤。

(1)确定状态机的语境。一般情况下状态机附属于一个类,也可能会附属于一个用例或整个系统。如果语境是一个类或一个用例,则需要关注与之在模型关系上相邻的类。这些类将成为状态机中涉及的动作或监护条件的待选目标。如果语境是一个系统,那么我们就需要让该状态机集中体现这个系统的第一个行为,因为为系统建立一个完整的状态机是非常棘手的。

(2) 设置状态机的初态和终态。

(3) 决定该对象的状态机中可能需要响应的事件。这些事件需要在对象的接口中和语境下与该对象交互的对象所发送的事件中寻找确定。

(4) 从初态到终态,列出这个对象可能处于的所有顶层状态。用转移将这些状态连接起来,明确转移的触发器和监护条件,接着向转移中添加效果动作。

(5) 识别状态是否需要有入口动作和出口动作。

(6) 如果需要,使用子状态来对顶层状态进行嵌套。

(7) 检查状态机中提供的事件是否与所期望的相匹配;检查所有事件是否都已经被状态机所处理。

(8) 检查状态机中的动作是否能由类或对象的关系、操作等支持。

(9) 跟踪状态机,确保状态机是良构的,既不存在无法到达的状态,也不会发生停机。

10.4　实验：绘制"机票预订系统""航班"类的状态机图

一般情况下,对于一个系统中所有具有复杂状态及行为的类都需要建立状态机图来表示其内部的状态及转换。本节以机票预订系统的 Flight 类为例,简要介绍创建该类的状态机图的过程。

1. 确定状态

我们假设,航班会在飞行日期前的两个月前开始发售机票,在飞行前一天停止在网上发售机票。在飞机起飞后,将不能查询到该航班信息。因此,在机票预订系统中,航班可以分为三个状态:未开始售票、已开始售票以及已停止售票状态。将这些状态以及初态和终态添加到状态机图中,如图 10-11 所示。

图 10-11　确定状态

2．添加转换

在添加了状态后,下一步就是要添加状态的转换。很容易看出,在这个状态图中,首先由初态进入未开始售票状态,未开始售票状态可以转换为已开始售票状态,其触发器是一个时间事件。已开始售票状态可以转换为已停止售票状态,其触发器同样是一个时间事件。最后由已开始售票状态转换为终态,航班类的状态机结束。将上述转换添加到状态图中,如图 10-12 所示。

图 10-12　添加转换

3．刻画子状态机

在完成最上层的状态机后,需要再分析是否有某个状态可以被详细建模为几个子状态。在本节的情境中,已停止售票状态可以划分出等待起飞、推迟起飞、已起飞与已取消四个子状态。将这四个子状态与子状态机中的初态与终态添加到已停止售票状态内部,如图 10-13 所示;然后在已停止售票状态的子状态之间建立转换以完成子状态机,完成后的状态图如图 10-14 所示,至此,状态图创建完毕。

图 10-13　添加子状态

图 10-14　完成子状态机

小结

本章讲解了 UML 中状态机图的相关内容。状态机图描述了一个状态机,常常依附于一个类,有时也会依附于用例等元素。状态机图主要由状态与转换组成,还包括一些伪状态。状态机图中的状态允许嵌套子状态,称为复合状态。复合状态包括非正交复合状态与正交复合状态。状态机图可以用来对对象的生命周期建模。本章还讲解了绘制状态机图的操作与步骤。

习题 10

1. 选择题

(1) 下列不是状态机图组成要素的是(　　)。

　　A. 状态　　　　　　B. 转移　　　　　　C. 初始状态　　　　D. 组件

(2) 状态机图的意义是(　　)。

　　A. 对实体在其生命周期中的各种状态进行建模,状态是实体在一段时间内保持的一个状态

　　B. 将系统的需求转化成图形表示,简单直观,还可以转换成程序的伪代码

　　C. 表示两个或多个对象之间的独立连接,是不同对象不同时期情况的图形化描述

　　D. 描述对象和对象之间按时间顺序的交互行为

(3) 下列选项中不属于状态元素内部的内容的是(　　)。

　　A. 入口动作　　　　B. 内部转换　　　　C. 触发器　　　　　D. 可推迟事件

(4) 下列选项不属于伪状态的是(　　)。

　　A. 历史状态　　　　B. 复合状态　　　　C. 初态　　　　　　D. 选择

(5) 假设在某个状态的内部的一行内容表示为"eventA/defer",则这行内容所表示的是(　　)。

　　A. 触发器　　　　　B. 内部转换　　　　C. 内部执行活动　　D. 可推迟事件

(6) 下列说法不正确的是(　　)。

　　A. 触发器事件就是能够引起状态转换的事件,触发器事件可以是信号或调用等

　　B. 没有触发器事件的转换是由状态活动的完成引起的

　　C. 内部转换默认不激发入口和出口动作,因此内部转换激发的结果不改变本来状态

　　D. 状态机图的主要目的是描述对象创建和销毁的过程中资源的不同状态,有利于开发人员提高开发效率

(7) 假设一个转换被表示为"A[B]/C",那么这个转换所表达的语义是(　　)。

　　A. 该转换的触发器事件为 B,监护条件为 A,效果列表为 C

　　B. 该转换的触发器事件为 A,监护条件为 B,效果列表为 C

　　C. 该转换的触发器事件为 C,监护条件为 A,效果列表为 B

  D. 该转换的触发器事件为 A，监护条件为 C，效果列表为 B

（8）需要依赖于某个表达式所表达的布尔条件才能发生的事件被称作（ ）。

  A. 信号事件   B. 调用事件   C. 改变事件   D. 时间事件

（9）关于状态机图的说法，不正确的是（ ）。

  A. 状态机图通过建立类对象的生命周期模型来描述对象随时间变化的动态行为

  B. 状态机图适用于描述状态和动作的顺序，不仅可以展现一个对象拥有的状态，还可以说明事件如何随着事件的推移来影响这些状态

  C. 状态机图用于模型元素的实例（对象、交互等）的行为

  D. 状态机图用于对系统的静态方面建模

（10）组成一个状态的多个子状态之间是互斥的，不能同时存在，那么这种状态称为（ ）复合状态。

  A. 顺序   B. 并发   C. 历史   D. 同步

2．判断题

（1）状态机一般都依附于一个类，上述情况下也可以依附于用例、操作等元素上。

  （ ）

（2）在状态机图中，转换就是对象在两种状态之间的时空下发生的有意义的事情。

  （ ）

（3）一个状态机图中只能有一个初态。 （ ）

（4）内部转换就是某个状态转换到自身的过程。 （ ）

（5）可推迟事件表示这一事件如果无法立即执行，则会被推迟执行。 （ ）

（6）如果一个非内部的转换没有触发器，则该转换会在其内部活动执行完毕后触发。

  （ ）

（7）在转换被触发器激发一次的过程中，会一直计算监护条件直到其结果为真。

  （ ）

（8）一个正确的状态机图中的选择节点不同分支上的监护条件应该覆盖所有情况。

  （ ）

（9）当顺序复合状态被激活时，同一时间只有一个子状态会被激活。 （ ）

（10）历史状态就是状态机中该状态的前一状态。 （ ）

3．简答题

（1）什么是状态机？什么是状态机图？

（2）简述状态机图的组成要素。

（3）简述简单状态和复合状态的异同。

（4）简述非正交复合状态和正交复合状态的区别。

（5）简述状态机图的建模方法。

4．应用题

（1）医院拟引入一款患者监护系统。基本要求是随时接收每个病人的生理信号（脉搏、

体温、血压、心电图等),定时记录病人情况,以形成患者日志。当某个病人的生理信号超出医生规定的安全范围时,向值班护士发出警告信息。此外,护士在需要时还可以要求系统打印出某个指定病人的病情报告。

请根据以上描述,绘制患者监护系统的状态机图。

(2) 当手机开机时,它处于空闲状态,当用户使用电话呼叫某人时,手机进入拨号状态。如果呼叫成功,即电话接通,手机就处于通话状态;如果呼叫不成功,例如对方线路有问题或关机,则拒绝接听。这时手机停止呼叫,重新进入空闲状态,手机在空闲状态下被呼叫,手机进入响铃状态(ringing);如果用户接听电话(pick),手机处于通话状态;如果用户未做出任何反应,可能他没有听见铃声,手机一直处于响铃状态;如果用户拒绝来电,手机回到空闲状态。请按以上描述绘制出使用手机的状态机图。

(3) 简单的数字手表表面上有一个显示屏和两个设置按钮 A 和 B,有两种操作模式:显示时间和设定时间。在显示时间模式下,手表会显示小时数和分钟数,小时数和分钟数由闪烁的冒号分隔。设定时间模式有两种子模式:设定小时和设定分钟。按钮 A 选择模式,每次按下此按钮时,模式会连续前进:设定小时、设定分钟等。在子模式内,每次只要按下按钮 B,就会拨快小时或分钟。绘制一个数字手表的状态机图。

第11章

活 动 图

学习过程序设计语言的读者一定接触过流程图。流程图可以清晰地表达出程序的执行步骤。在 UML 中,活动图的作用就像流程图一样,用来表达动作序列的执行过程,不过其语义远比流程图要丰富。本章主要介绍活动图的相关概念。

11.1 什么是活动图

活动图(activity diagram)是 UML 中一种重要的用于表达系统动态特性的图。活动图的作用是描述一系列具体动态过程的执行逻辑,展现活动和活动之间转移的控制流,并且它采用一种着重逻辑过程的方式来叙述。

读者在初看活动图的时候可能会认为这只是流程图的一种,但事实上活动图是在流程图的基础上添加了大量软件工程术语而形成的改进版。具体地说,活动图的表达能力包括了逻辑判断、分支甚至并发,所以活动图的表达能力要远高于流程图:流程图仅仅展示一个固定的过程,而活动图可以展示并发和控制分支,并且可以对活动与活动之间信息的流动进行建模。可以说,活动图在表达流程的基础上继承了一部分通信图的特点,即可以适当表达活动之间的关系。

在软件工程学科中刚好有一组概念可以用来举例讲述活动图与流程图的能力区别,那就是软件开发过程中的"瀑布模型"和"迭代模型"。这里不妨展开介绍瀑布模型的一种解释,即"六步法",它们是计划制订、需求分析、系统设计、软件编程、软件测试、运行维护。瀑布模型最大的特点、也是最受人诟病的一点,就是它的单向性(不可回退性)。因为瀑布模型的回退修改成本极高,所以在当前软件行业飞速发展、软件需求时常变动的情况下,对于经常变化的项目而言,瀑布模型已被基本否定。这种极为简单粗暴的软件工程方法论,已经达到了普通流程图描述能力的瓶颈,那就是它只能表述线性的、单向的简单过程。对于软件过程的其他方法论如"螺旋模型""喷泉模型",使用传统的流程图来表达就已经捉襟见肘。而目前较受欢迎的、被许多软件企业所公认有效的迭代模型,更是需要在每一次回滚和反复的时候做更多的条件判断,添加更多的附加文档(我们可以将之视作一些数据和参数)。在描述这样一个实用但复杂的过程时,就不得不借助 UML 的活动图的一些优秀特性了。

在对软件密集系统建模的时候,有时需要详细地模拟系统在运作时的业务流程。面对这种需要,可以分析对象间发生的活动和触发条件,选用活动图对这些动态方面进行建模。

活动图的主要组成元素包括动作、活动、动作流、分支与合并、分叉与汇合、泳道和对象流等。图 11-1 显示了某银行 ATM 机中的取款活动图。

图 11-1 取款活动图

注意：实际上，UML 1.x 与 UML 2 规范下的活动图的元模型变化非常大。在 UML 1.x 规范中，活动图被定义为状态机的一个子类，而 UML 2 则对活动图的元模型进行了很大的扩充，将活动图定义为与状态机图完全独立的图。但是这种底层的变化对使用活动图的影响不是很大。

11.2 活动图的基本组成元素

活动图的核心元素是活动和控制流，活动与活动之间通过控制流进行连接，结合成一张有意义的动作网络。本节将主要介绍组成活动图的几种主要元素。

11.2.1 动作和活动节点

动作代表一个原子操作，操作可能是任何合法的行为。动作可以是并且不限于：创建或删除对象、发送消息、调用接口，甚至数学运算以及返回表达式的求值结果。动作仅有描述，不作命名，描述的内容就是动作所代表的内容。在描述中可以使用各种语言，例如，一个使用 Pascal 语言的开发团队可能会选用"x := 7"作为一个赋值动作的描述，而使用 C++ 语言进行开发的小组可能会使用"x＝7"；一个美国开发团队在使用结构化语言解释一个动作时可能会使用"Clean Screen"这样的词组，而一个中国团队显然更习惯于直接写上"清屏"。在 UML 规范中没有对动作描述做任何的限制，对此，我们的建议是：仅需要在开发团队内满足保持风格一致、描述无歧义、确保可读性三点要求即可。

在活动图中，动作使用一个左右两端为圆弧的"矩形框"来表示，在这个图形内部加入该动作的描述，如图 11-2 所示。

活动节点是一系列动作，主要用于实现动作序列的简化和动作图的

x=5

图 11-2 动作

嵌套。活动节点在图中的表达方式和动作相同，它们之间的区分需要依靠编辑工具或附加说明来完成。活动节点本身可以代表一个复杂过程，它的控制流由其他的活动节点和动作组成，如需要可以另附其他的活动图来表达活动节点的控制流。

11.2.2　开始和终止

活动图中的开始和终止是两个标记符号。开始标记注明了业务流程的起始位置，使用一个实心黑色圆点表示；终止标记注明了业务流程的可能结束位置，使用一个与开始标记等大的、内有一个黑色实心小圆点的空心圆圈来表示。活动图中必须有且仅有一个开始标记，一般至少有一个终止标记。之所以说终止标记仅仅是业务流程的可能结束位置，是因为一个活动图中可能出现多个终止符号，业务流程可能有不止一种结束方式。另外，存在一些特殊的无穷过程不存在终止标记。开始和终止的表示法如图11-3所示。

11.2.3　控制流

控制流是活动图中用于标示控制路径的一种符号。它负责当一个动作或活动节点执行完毕后，将执行主体从当前已完毕的节点转移到过程的下一个动作或动作节点。控制流从活动图的开始标记开始运行，经过顺序、分支等结构引导着各个动作的连续执行。在UML中，控制流使用一条从前一个动作（或活动节点）出发指向下一个动作（或活动节点）的简单箭头表示。控制流的表示法如图11-4所示。

开始　　　　　　终止

图11-3　开始和终止　　　　　　图11-4　控制流

11.2.4　判断节点

判断节点是活动图中进行逻辑判断、并创造分支的一种方法。判断节点具有一个进入控制流和至少两个导出控制流（从当前节点出发指向其他动作或节点的流称为导出流或离开流），判断节点的前一个动作应当是判断型动作。形如"检查用户是否登录""检查服务器是否已满""验证用户是否为管理员"这样的动作是判断型动作，这些动作导出的控制流应该走向一个判断节点。

判断节点具有多个导出流，对于每条导出流而言，应当在表示该控制流的箭头上附加控制条件。例如在"检查用户是否登录"对应的判断节点的导出流应该至少有"已登录""未登录"两种控制条件；而"验证用户是否为管理员"所对应的判断节点的导出流可以使用"是管理员/不是管理员"或者"是管理员/是其他角色"两种控制条件来表述。归结起来就是：对于一个一般的判断，可以使用Yes/No或Condition/Else句式来描述导出流的控制条件。这些导出流规定了对于这个判断所有可能的离开路径,而系统根据判断结果满足哪个条件来判断应该走向哪一个活动。因为一个非并发的活动不可能同时进入两个动作,所以判断条件之间应当各自独立、互不交叉。如果第一条导出流的条件是"用户是管理员或会员",第二条导出流的条件是"用户是会员或游客"——那么一个"会员"用户到这里应该进入哪个控制流呢?

在活动图中判断节点用一个菱形来表示。并且作为判断节点,这个菱形有且仅有一个指向它的箭头,有至少两个由它出发指向其他动作或活动节点的箭头。判断节点的表示法如图 11-5 所示。

图 11-5　判断节点

11.2.5　合并节点

合并节点将多个控制流进行合并,并统一导出到同一个离开控制流。需要注意的是,合并节点仅有逻辑意义而没有时间和数据上的意义:几个动作都指向同一个合并节点也并不意味着这些动作要在进入之后互相等待或进行同步数据之类的操作。合并节点的语义仅仅是将任何执行到该合并节点的动作统统导向它的离开控制流。可以说它是一种为了避免图形的结构混乱而存在的辅助标记,所以我们不再更深入地探讨它的意义。

在活动图中合并节点也同样使用一个菱形来表示。作为合并节点,这个菱形应该至少有两个指向它的箭头,有且仅有一个由它出发指向其他动作或活动节点的箭头。合并节点的表示法如图 11-6 所示。

11.2.6　泳道

活动图中的元素可以使用泳道来分组。泳道是将活动中的具体活动按照负责进行该活动的对象进行分区,一条泳道中的所有活动由同一个对象来执行。例如,在业务模型中,每一个泳道的负责对象可能是一个单位或一个部门;而系统中泳道的负责对象可以是系统或子系统。例如在一次考试的全过程中,有如下过程:

图 11-6　合并节点

（1）老师出卷。

（2）学生作答。

（3）老师批卷。

（4）老师打印成绩单。

（5）学生领取成绩单。

在这个过程中，可以发现每个过程的主语都是该动作的执行者，那么在这个简单的过程中可以分"老师"和"学生"两个泳道，把动作与负责执行它的对象用这种形如二维表的方式进行关联，如图 11-7 所示。

图 11-7　使用泳道描述考试活动

11.3　活动图的高级组成元素

在基本的流程描述功能外,UML 中的活动图还赋予了用户对系统的并发行为的强大描述能力。本节将介绍活动图中的一些高级概念。

11.3.1　分叉节点与结合节点

在活动图中,我们使用分叉节点和结合节点来表示并发。

分叉节点是从线性流程进入并发过程的过渡节点,它拥有一个进入控制流和多个离开控制流。不同于判断节点,分叉节点的所有离开流程是并发关系,即分叉节点使执行过程进入多个动作并发的状态。分叉节点在活动图中表示为一根粗横线,粗横线上方的进入箭头表示进入并发状态,离开粗横线的箭头指向的各个动作将并行发生,分叉节点的表示法如图 11-8 所示。

结合节点是将多个并发控制流收束回同一流的节点标记,功能上与合并节点类似。但要注意结合节点与合并节点的关键区别:合并节点仅仅代表形式上的收束,在各个进入合并节点的控制流间不存在并发关系,所以也没有等待和同步过程;但结合节点的各个进入控制流间具有并发关系,它们在系统中同时运行。在各个支流收束时,为了保证数据的统一性,先到达结合节点的控制流都必须等待,直到所有的流全部到达这个结合节点后才继续进行,转移到离开控制流所指向的动作开始运行。活动图中的结合节点也用一根粗横线来表示,粗横线上方有多条进入箭头,下方有且仅有一条离开箭头,结合节点的表示法如图 11-8 所示。

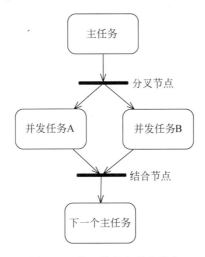

图 11-8　分叉节点和结合节点

11.3.2　对象流

对象也可以被包含在一个活动图相关的控制流中。在活动图中,对象流是一种连接两个节点的活动边,这两个节点通常是一个可执行节点和一个对象节点。对象流用来表示源活动生产了一个对象或目标活动消费了一个对象。

图 11-9 展示了某系统支付订单时的活动图。图中连接活动节点与对象节点的线均为

对象流。对象流可能会创建对象（例如"生成订单"活动创建了一个订单对象）或者使用或修改对象状态（例如"支付"活动将订单对象的状态修改为"已支付"）。

图 11-9　对象流

11.3.3　扩展区域

同一个操作经常要在一组元素上执行。例如，若订单包含一组商品，那么订单处理程序就必须对每个商品都执行相同的操作：检查商品有效性、查询价格、检查库存等。在活动图中，可以使用扩展区域来对这种模式建模。

扩展区域表示在列表或集合上执行的活动模型片段。在活动图中，使用一个虚线圈起来的区域来表示扩展区域。区域的输入和输出都是值的集合，例如订单中的商品集合。在图形中，我们将输入和输出的值的集合表示为一行相连的小方块（代表一个数组）。当来自其他部分的数组到达扩展区域上的输入集时，这个数组就会解散为单个的值。数组中的每个元素都会执行一次扩展区域。当扩展区域的每个元素执行完毕后，如果有输出集就按照对应顺序将输出值放到输出数组中。换句话说，扩展区域就是对数组中的元素执行一个 forall 操作，从而生成新数组。一个扩展区域可以有一个或以上的输入数组以及零个或以上的输出数组，所有这些数组都必须具有同样的大小。

图 11-10 给出了一个使用扩展区域的例子。图中接收了一个订单，该订单有多个订单项。扩展区域处理每一个订单项，分别获取每个订单项中的商品，并获取商品的价格，最终输出商品数组和价格数组，分别用于运送商品以及生成账单。

图 11-10 扩展区域

11.4 活动图的建模技术

活动图用于对系统的动态方面建模,这些动态方面可涉及系统体系结构的任意视图中任何抽象类型的活动,这些抽象类型包括类、接口、组件等。

当使用活动图对系统的某些动态方面建模时,事实上可以在任意建模元素的语境中这样做。但通常是在整个系统、子系统、操作或类的语境中使用活动图。还可以把活动图附在用例(对脚本建模)和协作(为对象群体的动态方面建模)上。

在使用活动图对一个系统的动态方面建模时,通常有两种使用活动图的方式:对工作流建模和对操作建模。

1. 对工作流建模

没有任何一个系统是孤立存在的,系统总是存在于某种语境中,而这种语境总是包含与该系统进行交互的参与者。系统中的业务流程是一种工作流,因为它们代表了工作流以及贯穿于业务之中的对象。通过使用活动图,可以对业务流程中的协作建立业务处理模型。

对工作流建模,需要遵循如下策略:

- 为工作流建立一个焦点。除非系统很小,否则不可能在一张图中显示所有感兴趣的工作流。

- 选择对总体工作流中的各个部分具有高层职责的业务对象。为每个重要的业务对象建立一个泳道。
- 识别该工作流初始状态的前置条件和该工作流终止状态的后置条件。这对于帮助对工作流的边界建模是重要的。
- 从该工作流的初始状态开始，说明随时间发生的动作，并在活动图中表示它们。
- 将复杂的动作或多次出现的动作集分解到一个单独活动图中来调用。
- 找出连接这些动作和活动节点的流。首先从工作流的顺序流开始，然后考虑分支，接着再考虑分叉和结合。
- 如果工作流中涉及重要的对象，则把它们也加入活动图中。如果对表达对象流的意图是必要的，则显示其变化的值和状态。

2．对操作建模

为了说明元素的行为，可以将活动图附加到任意建模元素之上，例如类、接口、组件、节点、用例和协作等。其中，最常见的是向一个操作附加活动图。用于这种方式时，活动图只是一个操作中的动作的流程图。活动图的主要优点是图中所有的元素在语义上都与一个丰富的底层模型相联系。

对操作建模，要遵循如下策略：

- 收集这个操作所涉及的元素。包括操作的参数、返回类型、所属类的属性以及某些临近的类。
- 识别该操作的初始状态的前置条件和终止状态的后置条件，也要识别操作所属的类的在操作执行期间必须保持的不变式。
- 从该操作的初始状态开始，说明随着时间发生的活动和动作，并在活动图中将它们表示为活动状态或者动作状态。
- 如果需要，使用分支来说明条件路径和迭代。
- 使用分叉节点和结合节点来说明并行的控制流。

视频讲解

11.5　实验：绘制"机票预订系统""购买机票"用例的活动图

本节以机票预订系统中的"购买机票"用例为例，展示活动图的创建过程。

视频讲解

1．确定泳道

开始创建活动图时，需要首先确定参与的对象，即确定活动图有几个泳道。泳道说明了活动是由该对象执行的。在本节的例子中，我们将其粗粒度地分为用户和系统两个泳道，将它们绘制在活动图中，如图 11-11 所示。

2．按逻辑顺序完成活动图

在添加完泳道后，需要梳理整个控制流的过程：用户首先选择购票的航班，此时如果该航班已无余票，则系统提示该航班已无票，用户重新选择航班；如果航班有余票，则系统请求用户确认购票信息，此时用户可以取消购票，也可以确认购票并支付，支付完成后系统修改机票状态并生成订票记录,然后结束整个流程。

图 11-11　确定泳道

按照上述控制流的文字描述完善活动图,注意几个特殊节点的使用。绘制完成的活动图如图 11-12 所示。

图 11-12　完成活动图

小结

本章介绍了 UML 中活动图的概念、核心元素及活动图建模方法。UML 中活动图因其描述方法简单易懂、适用范围特别广泛而成为软件工程动态分析的重要工具。活动图中包含动作、控制流、开始和终止、判断节点、结合节点、泳道、对象流、分叉节点、合并节点、扩展区域几种核心元素。在对活动图建模的过程中，可以选择对业务过程建模和对用例交互建模两种方法。这两种方法的主要过程比较类似，只是前者并不局限于某一项业务或服务，着眼于比较广泛的业务过程；而后者比较符合软件工程的思路，从系统的角度看问题。本章最后还给出了绘制一个业务过程的活动图的方法。

习题 11

1. 选择题

(1) 在活动图中包含并发含义的元素主要指的是(　　)。

A. 控制流　　　　　B. 判断节点　　　　　C. 泳道　　　　　D. 分叉节点

(2) 在活动图中用于连接动作或节点，表示活动进行方向的元素是(　　)。

A. 控制流　　　　　B. 对象流　　　　　C. 动作　　　　　D. 扩展区域

(3) 在活动图中用于对元素按照负责对象分组的元素是(　　)。

A. 判断节点　　　　　B. 泳道　　　　　C. 分叉节点　　　　　D. 控制流

(4) 在活动图中用于将判断节点产生的多个控制流合成并导出为一个控制流的元素是(　　)。

A. 分叉节点　　　　　B. 结合节点　　　　　C. 判断节点　　　　　D. 合并节点

(5) 活动图中可能出现的终止标记的数量是(　　)。

A. 0 个　　　　　B. 0 到多个　　　　　C. 1 个　　　　　D. 0 或 1 个

(6) 在活动图中负责在一个活动节点执行完毕后切换到另一个节点的元素是(　　)。

A. 控制流　　　　　B. 对象流　　　　　C. 判断节点　　　　　D. 扩展区域

(7) 若想在活动图中表现对象流，则首先需要绘制出(　　)元素。

A. 控制流　　　　　B. 分叉节点　　　　　C. 泳道　　　　　D. 扩展区域

(8) 下列选项中，不容易在活动图中表达的是(　　)。

A. 动作执行顺序　　　　　　　　　B. 动作的执行者

C. 活动进行的逻辑结构　　　　　　D. 执行者之间的交互

(9) 以下说法错误的是(　　)。

A. 活动图中的开始标记一般只有一个，而终止标记可能有多个

B. 判断节点的出口条件必须保证不互相重复，并且不缺少情况

C. 在活动图中没有表现出并发的，在实际实现的时候一定不涉及并发问题

D. 活动图比 UML 状态图更加适合去描述一个流程

（10）下列建模需求中,适合使用活动图来完成的是（　　　）。

　　A．对体系结构建模　　　　　　　B．对消息流程建模

　　C．对业务流程建模　　　　　　　D．对数据库模式建模

2．判断题

（1）活动图是一种用于表达系统动态特性的 UML 图。　　　　　　　（　　）

（2）活动本身是一个原子操作,是不可被中断的。　　　　　　　　　（　　）

（3）活动图中必须有且只能有一个开始标记。　　　　　　　　　　　（　　）

（4）活动图的控制流与状态图中的转换是语义完全相同的元素。　　　（　　）

（5）泳道按活动发生的时间将活动图划分为几部分。　　　　　　　　（　　）

（6）一个活动不可能属于多个泳道。　　　　　　　　　　　　　　　（　　）

（7）在活动图中,合并节点仅有逻辑意义而没有时间和数据上的意义。（　　）

（8）结合节点与合并节点相似,当控制流进行到该节点时都不需要等待其他控制流的到达。　　　　　　　　　　　　　　　　　　　　　　　　　　　　　　　（　　）

（9）活动图可以像流程图一样表达出顺序、分支及循环控制结构,但语义要比流程图丰富得多。　　　　　　　　　　　　　　　　　　　　　　　　　　　　　　　（　　）

（10）活动图可以在逻辑顺序角度对用例中的各个交互的流进行建模。　（　　）

3．简答题

（1）简述活动图和普通流程图的异同。

（2）简述判断节点的流出条件的制定原则。

（3）谈谈活动图中使用泳道的意义。

（4）简述活动图的建模技术。

4．应用题

（1）某学生选课系统的查询课程用例如下:学生首先进入选课系统,然后输入要查询的课程名,系统验证输入的课程名是否存在,若存在,则跳转到对应的显示课程信息的页面;若不存在,则给出提示信息,返回选课页面。

请根据以上描述绘制活动图。

（2）在机票预订系统中,使用系统的用户必须先注册一个自己的账号,其过程为输入注册信息、验证信息完整、提交信息、系统进行验证(是否重名,等等),如果验证均通过,则注册成功,否则失败。

请根据以上描述,对用户注册用例画出活动图。

（3）在某在线购物系统中,用户首先搜索商品,进入商品详情页,可以将商品加入购物车。用户可以多次重复这一步骤直至购物结束。购物结束后进入购物车页面,用户付款后,生成购物订单。对于订单中的每个商品,购物系统应当通知对应的商家进行发货。

请根据以上描述绘制用户购物的活动图。

第12章

组 件 图

在前面几章介绍过的图都是用来对系统的用例方面或逻辑方面建模,更关注系统的内部业务组成与逻辑结构,而本章将介绍的组件图则重点关注了系统的物理组成。在实际建模过程中,一般在完成了系统的逻辑设计之后,就需要考虑系统的物理实现了。组件图可以描述软件系统的各个物理组件以及它们之间的关系。本章主要讲解组件图的相关内容。

12.1 什么是组件图

组件是一个软件系统设计和实现时的一个模块化部分,在宏观上作为一个有指定功能的整体被关联和使用。组件图(component diagram,又被译作构件图)即是用来描述组件与组件之间关系的一种 UML 图。组件图在宏观层面上显示了构成系统某一个特定方面的实现结构。

在 UML 1.x 中,组件可以表示一个文件或一个可运行的程序,这些程序构成了一个系统的某个部分。但是在之后的应用中发现组件的这种定义和其他的一些定义相冲突,所以在 UML 2 中组件的定义被更详细地确定了。现在组件应当是一个独立的封装单位,并且组件需要对外提供接口。组件是把代码细节组合成封闭的逻辑黑箱而只暴露出接口的更大的设计单元,在更高层次的、涉及更多对象的表示图例中,将多个相关的类和对象组织成一个组件,可以有效地减少图示数量,从而降低阅读难度,更便于设计人员和编码人员理解系统的组织结构。

事实上,组件图的内容是非常简单的,但是在对系统建模的过程中,它的功能又是非常强大的。组件图是面向对象思想的核心体现。在面向对象程序设计中,我们首先希望要描述的事物可以对象化、模块化,其基本思想就是封装体内部的改变不应该对软件系统的其他部分造成影响。而对象化是类的特点,类或类的实例构成组件的内容;同时模块化是组件的特点,组件本身就作为一个外部不可分割的模块来呈现,在外部看来是一个带有若干接口的黑箱。在面向对象的另一重要特性——可重用性方面,由于组件和组件之间仅通过接口来连接,耦合度很低,当一个组件的功能不适用于系统了,编程人员不需要对整个系统范围内的代码进行重写,而仅仅需要把组件内部的代码加以修改,保持接口不变,就可以把这个组件重新安装回系统中协同工作。所以组件图是把整个系统以面向对象的思维来描述的强有力工具,也是沟通设计者和编程人员的桥梁。软件开发团队可以通过组件图来确定整个系统可以分成的模块情况,并基于所分的模块将团队分成不同小组。组内成员只需要完成自己组件的功能并保留外部调用接口即可。

组件图中主要包含三种元素,即组件、接口和端口。组件图通过这些元素描述了系统的各个组件及组件之间的依赖关系,还有组件的接口及调用关系。此外,组件图还可以使用包来进行组织,使用注释与约束来进行解释和限定。

图 12-1 显示了某系统订单模块的简单组件图。Product(产品)组件、Customer(顾客)组件与 Account(账户)组件都实现了自己组件的一个接口,由 Order(订单)组件使用接口。此外,Account 组件与 Customer 组件之间存在关联关系。

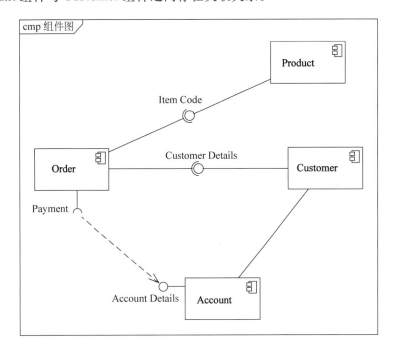

图 12-1　组件图

组件图在面向对象设计过程中起着非常重要的作用:它明确了系统设计,降低了沟通成本,而且按照面向对象方法进行设计的系统和子系统通常保证了低耦合度,提高了可重用性。可以说组件图是系统设计中不可或缺的工具。

12.2　组件图的组成元素

组件中的主要元素包括组件、接口和端口。UML 2 规范还允许表示组件的内部结构。本节主要介绍组件图的这几种组成元素。

12.2.1　组件

组件(component,也被译作构件)是系统设计的一个模块化部分,它隐藏了内部的实现,对外提供了一组接口。简单来说,组件是一个封装完好的物理实现单元,它具有自己的身份标示并定义了明确的接口。由于它对接口的实现过程与外部元素独立,所以组件具有可替换性——外部事物不关心组件内部的实现,它们仅仅需要组件可以保证提供它们所需功能的接口即可。具有相同接口但不同实现的组件一般来说是可以互相替换的。组件通常对应一个实现性文件，例如，源文件、动态链接库、数据库、ActiveX 控件等都可以作为系统中的一个组件。

在 UML 1.x 规范中，组件表示为一个左侧带有两个小矩形的矩形元素，如图 12-2 所示（Rose 中也使用这种表示法）。在 UML 2 规范中，组件元素以一个标签的形式表示在一个矩形框里，如图 12-3 所示。

图 12-2　组件的 UML 1.x 表示法

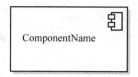

图 12-3　组件的 UML 2 表示法

组件与类的概念十分相似，它们都是一个封装完好的元素，都可以通过实现接口让外部元素依赖于该元素，都可以实例化，可以参与交互等。但需要注意的是，尽管组件和类的行为和属性十分相像，但组件与类二者的抽象方式和抽象层次是不同的。类是逻辑抽象，不能单独存在于计算机中；而组件是物理抽象，可以独立存在并部署在计算机上。组件的抽象层次要更高，类作为一个逻辑模块只能从属于某个组件。

组件在系统中一般存在三种类型，分别为配置组件、工作产品组件和执行组件。

- 配置组件（deployment component）是构成系统所必要的组件，是运行系统时需要配置的组件。例如，一些辅助可执行文件运行的插件和辅助控件，以及一些动态链接库、exe 文件等都属于配置组件。
- 工作产品组件（work product component）主要是开发过程的产物，是形成配置组件和可执行文件之前必要的工作产品，是配置组件的来源。工作产品组件并不直接参与到可执行系统中，而是用来产生系统的中间产品。例如，程序源代码或一些数据文件等都属于这一类的组件。
- 执行组件（executive component）代表可运行的系统最终运行产生的运行结果，并不十分常见。例如，由 dll 实例化形成的 COM＋对象就属于一种执行组件。

12.2.2　接口

关于接口的概念我们在类图中已经介绍过了，它用于描述一个服务。组件的接口也表达了同样的概念。某个组件可以实现一个接口来对外提供一个服务，外部组件通过该组件的接口来触发该组件的一个操作序列，以此达成这个外部组件的目的。

对于一个组件而言，它有两类接口：提供接口（provide interface）与需求接口（required interface）。提供接口又被称为导出接口或供给接口，是组件为其他组件提供服务的操作的集合。需求接口又被称为引入接口，是组件向其他组件请求相应服务时要使用的接口。

在组件的定义中我们强调了组件的可重用性很高，这一特性是少不了接口的功劳的。系统开发人员在开发新系统时，若发现新的需求刚好是之前某个已有项目的某个组件提供的服务，那么由于组件的环境无关性，可以很方便地把以前的组件和新系统通过接口搭建起来，从而实现了组件的重用。在另外一种情况下，开发人员认为某个功能由于算法效率低下或存在潜在的不安全性需要替换掉现有组件,那么他们可以放心地实现另外一个组件。对于新的组件只需要与旧组件具有一模一样的接口即可。

在 UML 1.x 中,组件的接口与类图接口的表示方法一致,都是用一个小圆圈表示。提供该接口的组件与接口通过简化的实现关系(一条实线段)相连接,而需要该接口的组件则使用依赖关系(一条虚线箭头)与组件相连接。图 12-4 显示了这种表示法。

图 12-4　接口的 UML 1.x 表示法

在 UML 2 规范中,接口元素还提供了另一种表示法。在这种新的表示法中,接口的提供和需求两部分是分别表示的。提供接口表示为用直线连接组件的一个小圆圈,需求接口表示为用线连接组件的一个半圆,通过提供接口与需求接口的连接来表示两个组件与接口之间的关系,如图 12-5 所示,这种表示法也被形象地称为"球窝表示法"。实际上,两种表示法所表示的语义是完全相等的。

图 12-5　接口的 UML 2 表示法

12.2.3　端口

端口(port)是 UML 2 规范新增的元素。接口对组件的总体行为声明是十分有用的,但它们没有个体的标识,组件的实现只需要保证它的全部供给接口的全部操作都被实现。使用端口就是为了进一步控制这种实现。

端口是一个被封装的组件的对外窗口。在被封装的组件中,所有出入组件的交互都要通过端口。组件对外可见的行为恰好是其端口的综合。此外,端口是有标识的。别的组件可以通过一个特定端口与另一个组件通信。在实现时,组件的内部组件通过特定的外部端口来与外界交互,因此,组件的每个部件都独立于其他部件的需求。端口允许把组件的接口划分为离散的并且可以独立使用的几部分。端口提供的封装性和独立性在更大程度上保证了组件的封装性和可替换性。

在图形中,端口被表示成跨立在组件边界上的方块。提供接口和需求接口都附着在端口符号上。每个端口都有一个名字,因此可以通过组件和端口名来唯一标识它。图 12-6 显示了一个带有端口的组件,每个端口有一个名字。这个组件有用于售票、节目和信用卡收费的端口。

图 12-6　端口

图 12-6 中有两个用于售票的端口：一个供普通用户使用，另一个供 VIP 用户使用。它们都有相同的名为 Ticket Sales 的供给接口。信用卡处理端口有一个需求接口，任何提供该服务的组件都能满足它的要求。节目端口既有供给接口也有需求接口，使用 Load Attractions 接口可以让剧院把戏剧表演等节目录入售票数据库以便售票。利用 Booking 接口，组件可以查询剧院是否有票并真正售票。

12.2.4　组件的内部结构

组件可以作为一个最小单元存在和实现。但在一些大型系统中，理想的做法是用一些小的部分来组成大的组件。组件的内部结构是一些小的部件，这些部件和它们之间的连接一起组成了组件的实现。在 UML 1.x 规范中，组件是不可嵌套的元素；而在 UML 2 规范中，组件可以通过嵌套部件来表现其内部结构。

部件（part）是组件的实现单元。在大多数情况下，部件实际上是较小的组件的实例，它们静态地连接在一起，通过端口提供必要的行为而不需要建模者额外地描述逻辑。部件有名字和类型，也有多重性。

图 12-7 展示了一个旅行系统组件的内部结构。组件内部包含三个部件：Scheduler 部件用于时间表安排，Planner 部件用于旅行规划，TripGUI 部件用于显示用户界面；对外提供两个

图 12-7　组件的内部结构

端口供使用,Booking 端口用于提供预订功能,User Console 端口用于提供用户控制功能。

12.3 组件图的建模技术

总的来看,组件图表现的是系统的物理层次或实现层次上的静态结构,能够帮助开发团队加深对系统组成的理解。组件图经常用于对源代码、可执行程序等结构建模。

1. 对源代码结构建模

对采用某一个面向对象的编程语言开发软件系统时,源程序往往会保存在许多源文件中。这些文件往往会相对独立地完成某一功能并且还要与其他源文件之间建立联系以相互合作。使用组件图可以清晰地表示出各个源文件之间的关系,有助于开发人员确立源文件的优先级及依赖关系等。使用组件图对源代码结构建模时,应遵循以下策略:
- 识别出感兴趣的源代码文件集合,并将之建模为组件。
- 如果系统规模较大,使用包对组件进行分组。
- 可以使用约束或注释来表示源代码的作者、版本号等信息。
- 使用接口和依赖关系来表示这些源代码文件之间的关系。
- 检查组件图的合理性,并识别源代码文件的优先级以便进行开发工作。

2. 对可执行程序结构建模

组件图也可以用来清楚地表示出各个可执行程序文件、链接库和资源文件等运行态物理组件之间的关系。对可执行程序结构的建模可以帮助开发团队规划系统的工作成品。在对可执行程序结构进行建模时,要遵循以下策略:
- 识别出相关的运行组件集合。
- 考虑集合中每个组件的类型。
- 如果系统规模较大,可以使用包对组件进行分组。这里包的使用可以对应于相应文件的文件存储结构。
- 分析组件之间的关系,使用接口和依赖关系对这些关系建模。
- 考量建模结果是否实现了组件的各个特性,对建模的结果进行细化。

12.4 实验:绘制"机票预订系统"的组件图

视频讲解

本节继续以机票预订系统为例,介绍组件图的创建及绘制过程。

1. 确定系统组件

通过对系统的工作产品的规划和设计可以确定系统的主要组件。在本节的例子中,可以确定系统的主要组件包括用户交互、管理员交互、机票预订、登机验证、航班安排和数据库操作组件。将这些组件添加到组件图中,如图 12-8 所示。

图 12-8　确定系统组件

2. 确定组件接口与依赖关系

在确定了系统组件之后，就需要考虑组件可以对外部提供什么服务，也即组件的接口和组件之间的相互依赖。在本节的例子中，航班安排组件提供航班信息接口供机票预订组件使用，机票预订组件提供机票校验接口供登机验证组件使用。另外按需要添加组件间的依赖关系。

按照以上分析确定组件间的接口与依赖关系，建立完整的组件图，如图 12-9 所示。

图 12-9　确定组件接口与依赖关系

小结

本章重点介绍了组件图的相关内容。组件图是展示系统物理结构的一种很重要的 UML 图。组件图中的主要元素包括组件、接口和端口等。UML 2 规范支持表示组件的内部结构。组件图可以用来对源代码或可执行程序建模。本章最后用实例讲解了绘制组件图的方法。

习题 12

1. 选择题

(1) 在组件图中,将系统中可重用的模块封装成可替换的物理单元的是(   )。

    A. 类   B. 子系统   C. 包   D. 组件

(2) 组件图主要描述的问题是(   )。

    A. 系统中组件和硬件的适配问题

    B. 系统中组件与组件之间、定义的类或接口与组件之间的关系

    C. 在系统运行时,用户和组件、组件和组件之间互相交互和引用的时序关系

    D. 组件实现的功能及其具体实现源代码

(3) 下列关于组件的说法不正确的是(   )。

    A. 在组件图中,将系统中可重用的模块封装成为具有可替代性的物理单元,称为组件

    B. 组件是独立的,是在一个系统或子系统中的封装单元,提供一个或多个接口,是系统高层的可重用部件

    C. 组件是系统定义良好接口的物理实现单元,但是它需要依赖于其他组件而不是仅仅依赖于组件所支持的接口

    D. 组件作为系统中的一个物理实现单元,包括软件代码(包括源代码、二进制代码和可执行文件等)或者相应组成部分

(4) 下列选项中,不属于组件图的元素是(   )。

    A. 组件   B. 用例   C. 接口   D. 端口

(5) 对于组件图中的接口,下列说法正确的是(   )。

    A. 使用接口提高了组件之间的耦合度

    B. 组件图中的接口只有一种表示法,即圆圈表示法

    C. 接口的圆圈表示法和球窝表示法的含义不同

    D. 使用球窝表示法的接口分为供给接口和需求接口两部分

(6) 下列关于组件图的叙述,说法不正确的是(   )。

    A. 在组件图中,可以将系统中可重用的模块封装成为具有可替代性的物理单元

    B. 组件图是用来表示系统中组件与组件之间、定义的类或接口与组件之间的关系图

    C. 在组件图中,组件和组件之间的关系表现为实现关系,定义的类或接口与类之间的关系表现为依赖关系

D. 组件图通过显示系统的组件以及接口等之间的关系，形成更大的一个设计单元

2. 判断题

（1）组件是一个封装完好的物理实现单元，与外部完全分离。   （ ）

（2）组件比类的抽象层次要高，类应该从属于某个组件。   （ ）

（3）组件是系统工作产品的一部分，因此 exe 文件是一个组件，而程序的源文件不能作为一个组件。   （ ）

（4）组件与其提供的接口之间构成依赖关系。   （ ）

（5）在组件图中，组件之间的依赖关系表示组件在某些行为上的对其他组件的依赖。

                            （ ）

（6）组件是组件图中语义最小的元素。   （ ）

3. 简答题

（1）什么是组件图？简述组件图的作用。

（2）简述组件图中出现的各个元素及其作用。

（3）什么是组件的供给接口与需求接口？

（4）组件的内部结构在组件图中如何表示？

4. 应用题

（1）已知某系统包括三个组件，分别命名为 MainProg、PrintProg 与 Database。其中，PrintProg 组件提供 IPrint 接口供 MainProg 使用，MainProg 组件在运行时直接依赖于 Database 组件的存在。请对以上所描述的三个组件绘制出相应的组件图。

（2）目前住院病人主要由护士护理，这样做不仅需要大量护士，而且由于不能随时观察危重病人的病情变化，还会延误抢救时机。某医院打算开发一个以计算机为中心的患者监护系统。医院对患者监护系统的基本要求是随时接收每个病人的生理信号（脉搏、体温、血压、心电图等），定时记录病人情况，以形成患者日志。当某个病人的生理信号超出医生规定的安全范围时，向值班护士发出警告信息。此外，护士在需要时还可以要求系统打印出某个指定病人的病情报告。

设计阶段拟将系统分为五个主要组件：用户界面、系统控制、病人监护、患者日志实体与数据库。请根据情境描述，结合设计阶段提出的五个组件绘制组件图。

第13章

部 署 图

本章即将介绍的部署图重点考虑程序的物理部署,例如,程序的网络布局以及组件在网络上的位置。每个系统只有一个部署图。部署图保证了开发的软件产品能够在合适的硬件环境下运行,并通过不同设备之间的通信来完成整个系统的功能。

13.1 什么是部署图

部署图(deployment diagram)也被译作配置图或实施图,是一种展示运行时进行处理的节点和在节点上存在的制品的配置的图。部署图阐述了在实际应用中软件及其运行环境(这里主要指运行该软件的硬件环境)的关系,并且描述了软件部署在硬件上的具体方式。部署图与组件图都是用来对系统的物理方面进行建模,但组件图更关注系统的物理组织结构,而部署图则侧重于系统安装、部署的拓扑结构。

在部署图中,我们忽略掉软件内部的各个联系,使用节点和连接这两种事物来表达运行系统的硬件部署结构,这种结构主要描述物理系统的组成部分是如何组织在一起的。在实际应用中我们使用部署图来提示如何配置系统时部署效率较高,或哪些硬件配置可能对相应位置的组件带来效率瓶颈。

部署图中的主要元素包括节点与节点之间的关联关系。此外,部署图中也可以使用注释和约束。

图 13-1 显示了一个 C/S 架构的系统的简易部署图。图中包含三个节点,分别代表客户端(Client)、服务器(Sever)和数据库服务器(Database Server)。其中,客户端和服务器之间通过 HTTP 协议通信,而服务器和数据库服务器之间通过 ADO 进行通信。

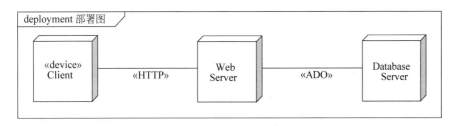

图 13-1　部署图

部署图对嵌入式系统、C/S 架构系统、B/S 架构系统和分布式系统的建模具有重要的作用。

13.2　部署图的组成元素

部署图的抽象能力十分强大。它将所有硬件（运行环境、计算资源）视为节点，并将相关的节点连接起来。通过在这些节点上部署组件，开发者可以尽早了解到软件产品将在何处工作。本节将介绍部署图的组成元素。

13.2.1　节点

节点（node）是运行时的物理对象，代表一个计算资源。所谓计算资源，即在运行过程中进行大量的操作和运算，并且需要一定的存储空间。在设计软件时我们考虑那些对计算有用的硬件资源，它们通常就是节点。UML 图中的节点被表示为一个长方体，并包含节点的名字，如图 13-2 所示。

在 UML 中，节点可以根据其不同种类标记为不同的构造型。常见的两种构造型分别是设备（device）和执行环境（execution environment）。设备节点是具有处理能力的物理计算资源，例如一台计算机或智能手机。执行环境节点是在外部节点内运行的软件计算资源，其本身在系统运行时提供软件服务，例如一个数据库或操作系统。带构造型的节点的表示法如图 13-3 所示。

图 13-2　节点　　　　　　　　图 13-3　带构造型的节点

此外，用户还可以根据需要为节点自定义额外语义，用来表示具有某种特性的节点，例如节点的运算速度、内存大小、是否为移动设备等，因为这些问题可能是最终限制系统性能或者强化系统运行效率的关键参数。虽然这些节点的附加特性 UML 没有预定义，但是可以使用构造型或标记值自行创建。

注意：与用例图中的参与者相似，我们也可以利用 UML 的扩展机制来给节点定义不同的构造型，以提供一个更具体的图标表示，将相应的节点的图标定义为它所对应的客观事物，如服务器、PC 等。

13.2.2　连接

部署图的节点之间使用关联关系来表示节点之间的通信路径，称为连接（connection）。在连接节点时，一般对关联关系不进行命名，而是使用构造型来区分不同类型的通信路径或通信的实现方式，例如<< Ethernet >>、<< TCP/IP >>和<< HTTP >>等能表明通信协议或网络类型的内容。例如，在图 13-4 中，节点之间的关联关系就可以表示在主机（Host）与客户机（Client）之间使用 TCP/IP 协议进行通信。

图 13-4 连接

13.3 部署图的建模技术

部署图的意义在于对各种系统的静态部署视图进行建模,无论是 C/S 结构、B/S 结构、嵌入式系统或分布式系统均可以使用部署图来有效表达。除了 UML 内置给部署图的两种基本节点类型(处理器和设备)以外,设计者还可以通过泛化来将系统内独特的类型加入部署图进行表示。

如果所开发的软件只运行在一台机器上且所有与机器交互的设备(如键盘、打印机等)都已经由操作系统进行连接,就不必对这类软件设计部署图。另一方面,如果与开发的软件进行交互的设备不是由操作系统管理,或者这些设备是物理地分布在多个处理器上的,则使用部署图有助于思考系统中软件到硬件的映射关系。

对系统使用部署图进行建模,一般会用于以下三种方式之一:嵌入式系统、B/S 系统和分布式系统。嵌入式系统是软件密集的硬件集合,其硬件与物理环境相互作用。B/S 系统又称客户/服务器系统,是将系统的用户界面与系统逻辑和永久数据分离的一类系统。分布式系统一般是由多级服务器组成的,建立在网络之上的软件系统。可以看到,这三类系统都是需要软件与多台硬件设备交互的系统,使用部署图会对理解系统的物理结构有很大的帮助。

使用部署图对系统建模,可以遵循以下步骤:

- 识别系统中的设备,并建模为节点。
- 使用构造型对不同种类的节点进行限制说明。如果可能,可以利用扩展机制创建适当的图标来表示。至少要区分出处理器与设备。
- 对图中的节点,分析哪些节点之间需要进行通信,在这些节点之间建立关系并用适当的构造型来描述。
- 如果需要,添加注释和约束来对模型进一步描述。

13.4 实验:绘制"机票预订系统"的部署图

为了加深读者对部署图的理解,本章依旧以机票预订系统为例,绘制其部署图。

视频讲解

1. 添加节点

根据系统情境可以分析出,该系统应该包括四个节点,分别是客户端、管理员端、服务器端以及数据库服务器端。这四个节点都应该属于处理器,将其添加到部署图中,如图 13-5 所示。

图 13-5　添加节点

2．添加连接

在确定好系统的节点之后，我们将需要通信的节点连接起来。在此系统中，用户端与管理员端都直接与服务器端通信以执行系统逻辑，程序系统服务器与数据库管理系统之间进行通信以进行数据库的查询与更新操作。此外，最好对每个连接附上合适的构造型来表示通信方式。添加连接的部署图如图 13-6 所示。至此，部署图创建完毕。

图 13-6　添加连接

在进一步的设计过程中，我们可以考虑进一步对部署图进行设计，如数据库主从复制、服务端的负载均衡，等等。读者可以自行尝试。

小结

本章介绍了 UML 中部署图的相关内容。部署图主要由节点和连接组成,用来描述项目的部署结构和运行环境。本章还介绍了如何绘制系统的部署图。

习题 13

1. 选择题

(1) 部署图的组成元素不包括(　　)。

　　A. 执行环境　　　　　B. 设备　　　　　　C. 组件　　　　　　D. 关联关系

(2) 下列关于部署图的说法不正确的是(　　)。

　　A. 部署图描述了一个系统运行时的硬件节点、在这些节点上运行的软件构件将在何处物理运行,以及它们将如何彼此通信的静态视图

　　B. 每个系统模型中可以包含多个部署图

　　C. 在一个部署图中包含了两种基本的模型元素:节点和节点之间的连接

　　D. 每个系统模型中应该仅包含一个部署图

(3) 某系统部署时需要一台 LED 显示屏,其在部署图中应该被建模为(　　)类型的节点。

　　A. 设备　　　　　　　B. 执行环境　　　　C. 二者均可　　　　D. 都不适用

(4) 下列说法正确的是(　　)。

　　A. 部署就是复制软件

　　B. 软件的执行环境一般是一个独立的设备节点

　　C. 部署图不适用于分布式系统

　　D. 节点之间一般会存在通信

(5) 软件部署的实质是(　　)。

　　A. 部署软件组件　　　　　　　　　　B. 部署软件程序

　　C. 部署软件模型　　　　　　　　　　D. 部署软件制品

2. 判断题

(1) 部署图与组件图都是用来对系统的物理方面进行建模,因此二者所表达的语义是完全相同的。(　　)

(2) 节点就是一台计算机。(　　)

(3) 在部署图中,节点之间可以建立连接来表示节点间的通信。(　　)

(4) 部署图中节点之间的关联关系,可以对其应用构造型来表示不同类型的通信路径或通信的实现方式。(　　)

(5) 如果所开发的软件只运行在一台机器上且所有与机器交互的设备都已经由操作系统进行连接,这类软件就不必对其设计部署图。(　　)

3．简答题

（1）什么是部署图？试述该图的作用。

（2）简述处理器和设备的异同。

（3）为什么要将处理器和设备分开处理？谈谈你的理解。

（4）简述部署图的建模方法。

4．应用题

（1）某自动售货机系统部署时存在三个节点，分别为远程服务器、售货机、客户端。远程服务器负责一些数据存储工作；售货机是自动售货机机器中的有处理和计算能力的部分；客户端是机器中直接和用户进行交互的硬件部分。

其中售货机部分和客户端部分通过机器直接相连，售货机通过无线网络与远程服务器通信。

请根据以上描述绘制部署图。

（2）阅读图 13-7 所示的某系统的部署图，回答以下问题。

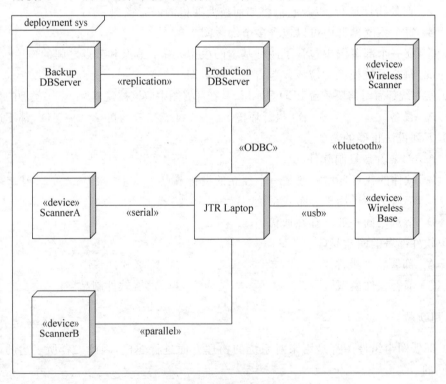

图 13-7　某系统部署图

① 与该系统相关的节点有哪几个？

② 根据部署图描述节点之间的通信关系以及通信方式。

第3部分

第14章

统一软件开发过程

在第 3 部分中,我们将为读者以一个完整的项目为例阐述整个软件开发的一般流程,这个项目背景将贯穿第 3 部分的始终。在开始介绍这个项目过程之前,首先要把开发这个项目所用的基本方法和主要思想介绍给大家。归结起来,可以将它总结为统一软件开发过程。这个概念对于我们认识软件开发,以及对一些基本原则的理解都至关重要。我们将用一章的篇幅来详细介绍统一软件开发过程。

14.1 统一软件开发过程概述

统一软件开发过程是一个面向对象且基于网络的程序开发方法论。它可以为所有方面和层次的程序开发提供指导方针、模板以及事例支持。本节将介绍统一软件开发过程的基本概念。

14.1.1 什么是软件开发过程

在软件规模日益庞大、复杂程度不断提高的互联网时代,软件本身作为人类智慧的直接产物,在需要多人合作、而交流成本极高的现有开发环境中变得越来越难以掌控。人们发现必须要采用某些业界公认的有效的工程化方法来对软件的开发流程加以限制,或是利用一些方法来对开发过程进行建模和管理,解决业内常说的软件开发成本失控(成本高)、可靠性低(不可靠)、开发过程是一个"人月神话"(效率低)的软件危机现状。

软件开发过程是指一款软件从无到有,直到最后交付使用以及维护的全过程。这个过程包含了许多软件开发方面的方法、技术、实践,并且也包括一些软件相关产物,如文档、模型、代码等的制造和产生。之所以要提出软件开发过程的概念,就是要寻找分析软件过程开发中存在的问题和低效步骤,并且通过一系列工程化的方法进行有针对性的优化。优化后得到的产物仍然需要多年的实践检验,以判定新的软件开发过程是否可以有效地提高软件企业的开发效率,然后从众多方案中筛选出比较有效的作为一个标准解决方案。一些得到验证的软件开发经验使得软件开发团队在工作中对一些重要的问题加以明智而精准的把控,并且其工程化、标准化的流程使得这些经验可以被重复和积累,一些中间产品可以被重用;同时一个标准化的流程保证了其通用性,在使用同一种开发过程、但开发不同项目的不同小组间,它们可以就每个阶段的工作进行交流,从而保证了协作的可行性和高效性,并且流程的一致性使得软件企业可以引进行业内的先进开发技术,在指定的阶段内还可以采用行业先进的配置管理方法、体系结构建模方法、软件维护方法和技术支持方法等。

现如今，业内有许多成熟的软件过程可供借鉴，例如：

- Rational Unified Process（RUP，统一软件开发过程）。
- Object-Oriented Software Process（OOSP，面向对象开发过程）。
- OPEN Process Framework（OPEN 过程框架）。
- Scrum（一种迭代式增量软件开发过程，通常用于敏捷软件开发）。
- Extreme Programming（极限编程）。
- Dynamic Systems Development Method（DSDM，动态系统开发方法）。

14.1.2　统一软件开发过程简介

统一软件开发过程（Rational Unified Process，RUP）是一套由 IBM 下属的 Rational 分部提出的软件工程方法，它由 Ivar Jacobson 的 The Objectory Process 和 The Rational Approach 发展而来，这种软件工程方法将软件开发过程按照时序组织成几个阶段，每个阶段有当前阶段的最重要任务，并且根据这些任务的完成情况为下一个阶段提供输入，实现每个阶段的逻辑连接。但每个阶段又不是全然割裂的，在每个阶段中可能对于之前的工作进行小范围的迭代，也可能提前开始进行下一个阶段中的部分工作。RUP 不是一个具体的、线性的、规范的过程（事实上，对于软件开发很难找到一个这样的过程）。反之，RUP 是一种迭代式的、可按需定制的软件开发框架。这种开发框架允许在实际项目执行过程中，由开发团队对项目进行功能分析和规模评估，并以此决定哪些是对于项目要求最重要的元素，采用这些重要元素进行实际的开发。正如其名字显示的，RUP 是一种统一过程的具体实现。

14.1.3　统一软件开发过程的发展历程

经过多年的检验和完善，今天的 RUP 已经成为软件工程实践中的重要工具。RUP 是如何从最初的不完善一步一步走向了今天的成熟？在我们应用一门技术的时候，应当了解一些它的历史，如图 14-1 所示。

图 14-1　RUP 的发展历程简图

早在 RUP 诞生之前，一个名为 Objectory Organization 的组织曾经提出过一套 Objectory Process，这套过程提供了一些保证软件质量的思路和方法。1995 年，Rational 合并 Objectory organization 时获得了这一产品。随后根据 Rational 方法对 Objectory 过程进行了改进，在此基础上，1996 年 Rational 将产品正式更名为 Rational Objectory Process（ROP）。这次融合使得 ROP 具有了 OP 的过程化结构及其核心的用例概念，与此同时又具有了 Rational 方法的迭代开发方法和构架概念。不仅如此，在细节方面，ROP 还吸收了 Requisite 公司在项目管理方面的技术和 SQA 公司在测试过程中的成熟经验。最终催生了一个新的通用建模语言——UML（UML 0.8）。ROP 和 UML 的出现使得软件过程与 Rational Software 下属的软件开发工具可以更加紧密地结合。

之后的 RUP 是在 1998 年 Rational 在 ROP 的基础之上产生的产品。比 ROP 更多的是，RUP 本身包含了一个超链接化的基于知识的软件过程协助工具，并且在这个知识体系中附带了一些样例制品以及对许多不同开发活动的详细介绍，另外这套产品允许软件过程的自定义。

14.2　过程总览

统一软件开发过程可以用一张二维图来表示。

在图 14-2 中，水平轴表示时间，更详细地说，从左到右看是从初始阶段到接近完成阶段的发展过程。其中每条竖线可能意味着在这个时间点需要交付的文档、代码、成品、手册，或者是需要满足的一些条件。在 RUP 中，这些需要作为两个阶段交接的重要元素被称为里程碑。在开发过程中，项目的进程一般不会一直从左到右顺利地进行下去，往往会出现达到右侧的某个阶段之后需要回到之前的某个阶段再继续，这种在水平轴上移动的情况可能存在几个名词描述，它们分别是"周期"（又称作"轮"）、"阶段""迭代"。

图 14-2 中的纵轴表示过程的某个静态内容，它们代表了一系列的工作活动，并且这些活动通常使用"活动""制品""工作者"和"工作流"等相关术语来表示。

图 14-2　统一软件开发过程的二维图

14.3 阶段和迭代——时间维度

阶段和迭代用于描述软件开发过程中随时间进行的动态组织变化。在 RUP 中，一个软件的生命周期被分为许多轮（cycle），每一轮是一个子开发过程，其成品是当前制作产品的新一版。RUP 将每一轮又分为四个阶段，它们是：

- 起始阶段（inception phase）。
- 细化阶段（elaboration phase）。
- 构建阶段（construction phase）。
- 转化阶段（transition phase）。

这四个阶段之间有明确的分界线，这些分界线是一些目标条件，例如是否已经完善了需求分析文档、某个模块是否已经测试通过等。这些目标条件往往是对于系统的功能有重要标识作用的条件，当这些条件被满足时，则宣布整个项目进入下一个阶段。这些重要的具有阶段之间分界交接作用的目标条件使用术语"里程碑"来描述。

下面对每一个阶段进行详细介绍。

14.3.1 起始阶段

1. 任务

起始阶段是一个项目的开始，在这个阶段中软件开发团队需要建立好业务事例，并确定好该项目的范围。在实现上述目标的过程中有一些工作是非常关键的：首先，要识别出所有与系统存在交互的外部实体；其次，需要在高层次上（不必提供细节，更不需要具体实现方法）来定义和说明这些交互的本质特征。这些工作实质上是对于所有可能的用例进行发掘，并且详细描述它们当中比较重要的那些。

业务事例包含项目标准、风险评估、资源需求估计、阶段计划。其中项目标准定义了项目完成时应当达到的一些条件；风险评估发掘在软件开发过程中可能遇到的各种问题；资源需求估计是对完成这个项目所需要的资金、人员、时间和空间等资源消耗的估算；阶段计划需要提供一个与每个阶段对应的日期，并提出什么是用于阶段间交接的主要里程碑。

2. 成果

归结起来，在起始阶段一般需要给出以下成果。

- 文档：文档包含对整个项目的宏观分析结果，包括项目的核心需求、关键特性以及一些主要约束；
- 简单的用例模型：用例模型不需要过于精细，只要可以定义一些重要的用例即可；
- 项目词汇表：定义项目中使用的专有词汇，这些词汇也可以使用域模型来表达；
- 简单的业务事例：包括业务上下文、完成标准、预算计划、市场调研结果等；
- 风险评估：阐述项目实现过程中可能遇到的问题和风险；
- 项目计划：给出项目流程中的各个阶段和迭代；
- 业务模型（可选）；

- 项目原型：在起始阶段交付时最好可以附带制作一些项目原型。

3．里程碑

当起始阶段完成时，项目应当已经达到了第一个重要的项目里程碑。当前阶段的里程碑应当具有以下评估标准。

- 项目资金在当前的限定范围和(资金和时间的)预算下是充足的；
- 实际明确了项目需求，体现在可以保证主要的用例忠实于项目需求；
- 项目时长估计、风险评估的可信性，以及工作优先级和开发计划的可执行性；
- 开发出的项目原型能实现的功能深度和业务广度；
- 实际开销是否和预计一致。

当项目未能成功实现起始阶段的里程碑时，开发团队可能要考虑重新思考和分析甚至取消整个项目。

14.3.2　细化阶段

1．任务

细化阶段的主要目的是分析问题域，为整个项目计划的执行建立一个稳定的结构基础，以及消除一些风险系数最高的因素。要对整个系统进行结构的分析设计，需要从大处着眼，从整个系统的范围、主要功能、非功能需求(如性能要求、健壮性要求)等方面入手进行处理。

从某种角度来说，细化阶段是四个阶段中最重要的一个，因为它具有承前启后的作用。

一方面，在细化阶段后，一些工程性的难题已经分析完毕，有些可以解决或已经解决，而另外一些无法解决；细化阶段的结果可能为整个项目的进一步开展提供了重要的依据，也可能对这个项目宣判"死刑"。所以紧随细化阶段之后的是一个重要的节点，开发者将在这个节点决定继续进行构建阶段和转化阶段，或者是放弃构建，重新分析或放弃项目。

另一方面，在细化阶段之前项目整体处于设计阶段，项目本身的文档是比较轻量级、分析性的，当需要修改某些部分的时候仅仅需要在相应文档上修改、注明即可。在细化阶段之前如果发现了问题，那么相对而言解决这个问题的成本是比较小的。但是在细化过程交付之后，项目将从前面的轻量级、低风险的工作进入高风险、高投入的工作中。在之后的构建和转化(交付)阶段如果发现了问题，由于项目中已经有大量实际代码的参与，已有的代码将被修改，导致项目回滚，付出的成本将成倍增加。

细化阶段的重点控制对象是系统分析的稳定性和开发的可行性。细化过程中的活动要确保项目结构、项目需求和项目计划足够稳定，并且对所有的风险都应该做到避开或消除。在上述条件达标后，就可以确定这个项目真正需要多少时间、多少资金来完成了。从概念上来说，稳定性越高、风险越小，在确定的预算下完成构建阶段的可能性就越高。

在细化阶段，根据系统范围、风险、精细程度的不同，最终产生一个可执行的结构原型可能需要一轮或多轮迭代。在过程中应该对上一阶段识别出的主要用例进行详细分析，因为这些用例的过程通常可以展现出项目面临的重大风险。与此同时，在每一轮中给出的"升级版"原型应当逐步强化产品设计质量，表现在这些原型应该逐渐降低风险或解决一些难点、逐渐完成设计和需求的权衡和逼近、确认各个组件的可行性，以及清楚地说明投资者、消费者和最终用户。

2. 成果

细化阶段应当给出以下成果：

- 比较详细的用例模型；
- 非用例的需求和非功能需求；
- 软件结构说明；
- 可执行的项目结构原型；
- 修订后的风险列表及业务案例；
- 整体项目开发计划，计划中需要表示出迭代，并为每轮迭代制定评估标准；
- 进一步为各个开发案例指定处理流程；
- 基础用户手册。

3. 里程碑

在细化阶段完成时，项目进度应当已经达到了第二个里程碑。此时我们对这个系统的细节目标、范围、结构的选择以及主要风险的解决情况进行检查。建议通过回答以下问题来检测细化过程的结果是否达标。

- 这个产品看起来稳定吗？
- 这个项目结构稳定吗？
- 系统中的主要风险已经全部被注意到并且可以解决吗？
- 对于下一步构建阶段的计划足够精细吗？这种精细是否有可信的依据和估计？
- 投资者是否认为当前这个项目在当前设计的结构中可以实现？
- 实际支出和计划支出是否依然吻合？

同样地，如果发现这些条件没有达成，那么这个项目可能面临着返工和中断的危险。

14.3.3　构建阶段

1. 任务

在构建阶段中，我们将要开发和整合所有剩余的组件和应用特性，然后对所有的功能和特性进行完全的测试。如果把软件比作一个物理存在的产品，那么构建阶段可以说是这个产品的制造过程——在这个过程中，我们应当着重管理资源和控制活动，以求优化资金和时间成本，并力保产品质量在已有的资源条件下达到最高。从前两个阶段进入构建阶段时，我们的思路需要做一些转变：在前两个阶段中，主要输出的是一些设计、文档等智力成果，而在后两个阶段，则需要脚踏实地地开发出一个可以实际操作、可以部署的真正的软件产品。

构建流程可以是线性的也可以是并行的。对于一些大型项目而言，很多模块可以由一个小组负责开发，整个项目分划成几个模块由几个小组并行开发。当然，这些并行活动显著加速了项目从开始构建到最终部署的过程，与此同时，也显著增加了资源管理和工作流同步的复杂性。在此过程中，项目的结构是否稳定，这就与制定时的计划是否清晰完善紧密相关了。我们在上一步细化阶段的开发中强调结构和计划的平衡，就是为了保证软件的项目结构是易于理解、易于构造的。结构的易于构造性对于整个项目的成功与否至关重要,一个不易实现、未经优化的结构很有可能会导致计划延期或预算超支,甚至是项目的毁灭。

2．成果

这一阶段的成果应该是已经具有完整功能的产品,这些产品应该可以被部署到各个运行平台上,并保证可以被最终用户直接使用。例如:

- 一个整合在目标平台上的软件产品;
- 完善的用户手册;
- 对当前发布(release)版本的描述文档。

3．里程碑

在构建阶段完成时,整个项目进度应该到达了第三个里程碑——对产品运行能力的考查。在这个时间节点,应当考查产品已经可以被最终用户良好地使用,评判项目在实际使用过程中是否已经消除了所有可察觉的风险。构建阶段给出的产品可能不甚完善,但需要达到基本的功能、性能、稳定性要求,并满足一些用户定制软件时提出的其他基本需求。这个版本通常被称为 beta 版本。

我们建议在此里程碑处对软件产品提出这几个问题,以评价它是否达到了标准。

- 如果这个产品被部署在用户群当中,它是否足够稳定和成熟?
- 软件的投资者是否觉得这个产品已经可以交付和部署?
- 项目支出是不是没有太严重地超过项目预算?

如果发现产品被其中某些问题难倒了,那么转化和交付的阶段可能面临着延期的风险。虽然你可能认为经历过构建阶段之后这个产品如果没有交付就太浪费了——但事实是,常常有项目在此节点发现实际产品的性能远远不能达到用户的要求,又因为构建后预算严重超支,而投资者因为不想继续等待,所以项目在此终结。这也在告诉我们,一个严谨的结构设计对于构建阶段的成功与否是多么重要,而在构建工作进行时对资源的科学管理又是多么的必要。

14.3.4　转化阶段

转化阶段又称为交付阶段,因为其主要目的就是把制作出来的软件产品交付给用户使用。一旦产品已经交付,那么剩下的问题就变成了开发新的发布(release)版本,修正一些问题,或者补充完成一些尚未完成的功能点,保持用户的软件最新等。

一个产品可以交付,通常意味着这个结构已经足够稳定,可以被部署到最终用户域当中(基本上就是构建阶段的里程碑)。当然这个产品中可能缺少一些细节上的优化,或者是用户的某些需求在构建阶段因为复杂度等原因被延期尚未交付,或者 UI 图片不够美观、布局不够合理,这些细节问题将在转化阶段被完善到一个令人满意的程度。并且随着对软件产品的改动,也要保证用户手册和发布版本说明的持续更新。尽管它的工作任务看起来是如此简单,但随着用户想法的不断变动,这个过程可能比想象中要长。在每一轮交付的时候,要注意新的版本是否确实有所进步,这时你需要做到以下几点。

- 通过 beta 版本测试确认新一版系统可以达到用户的期望;

- 与用户正在使用的前一版本进行功能性比较；
- 操作数据库的转换；
- 对用户和软件持有者的培训；
- 推出产品。

转化过程关注那些在把软件交给用户使用时需要的活动。一般来说，这个过程少不了迭代，其产品包括 beta 版、长期可用的稳定版本以及一些错误（bug）修复的版本或补丁。除去代码部分，在转化过程中同样要更多地关注到客户，要不断地更新面向用户的文档，培训用户，对他们在实际工作中使用产品提供可靠帮助，并且对用户的各种反馈进行积极响应。因为决定交付成功与否的是最终用户，所以在这个阶段我应当将用户的反馈作为产品调整的首要依据。

将转化过程的核心任务总结成三个，它们分别如下。

- 使用户可以在无帮助环境下自由使用产品；
- 使投资者认同这个项目确实已经部署完毕，并且符合评估标准；
- 尽可能有效率地使产品达到最终产品标准。

随着产品类型的不同，你可能会发现这个过程可能持续很短的时间，也可能持续几个月或几年的时间。

14.3.5　迭代

RUP 中的每一个阶段都可以进一步分解为多次迭代。一次迭代定义为一个完整的循环开发过程，在每一轮过程中需要有内部或外部的产出，这些产出可能是一个可运行的产品、一个正在开发的模块，这些产品和模块经过一次次的迭代发展为最终的可用系统。

那么为什么要使用迭代过程，迭代过程在软件开发中有哪些优势？事实上，与理想主义的"瀑布模型"相比，迭代过程具有以下几个显著优点。

- 可以更早地弱化风险；
- 更灵活地处理各种变化；
- 更高层次地复用；
- 开发团队不必一次完成所有工作，可以在工作的过程中不断地学习和调整；
- 通常提供了更高的产品质量。

14.4　过程的静态结构

14.2 节中介绍了 RUP 二维模型中水平轴各个阶段（phase）的定义、任务和里程碑，本节将详细阐述 RUP 二维模型中纵轴的各个元素——过程的静态结构。

如何表达一个过程？RUP 建议开发者使用这个句式来描述一个过程："谁在什么时候要用什么方法做什么"（Who is doing what, how, and when）。在这个句式中，我们可以提取出四个重要元素，在中文句子里它们已经用下画线标注出来，在英文句子里这些重要元素的单词使用斜体注明。归结起来如下所述。

- 谁——工作者；

- 什么方法——活动；
- 做什么——制品；
- 什么时候——工作流。

14.4.1　工作者

工作者定义了软件开发工作中某个工作单位的行为和责任，这个工作单位可能指某个个体，或者某个工作小组。要明确这个概念，不要把 RUP 中的工作者（worker）与一个工作人员相混淆，例如张三是某个小型创业公司里的职员，那么他就是一个工作人员，永远不会是另外一个工作人员李四；但在不同的时刻他可能是不同的工作者，在设计阶段张三可能作为一个用例设计师，而编写代码阶段张三又变成了程序员。工作者和某一个人不是一对一的关系，它更像是一种角色：在不同的时刻（也可能同时），同一个个体可能担任着不同的工作者角色。确定的工作者角色担任着确定的任务和责任，它要亲力亲为地完成那些任务，这些任务可能是执行某些操作，或者长远一点——创造某些制品。

14.4.2　活动

活动定义了一件事或一个动作，并且必须存在一个特定的工作者角色负责执行这个活动。活动带有清晰的目的性，例如，常见的活动有创造、更新某些制品，比如创建一个模型、写一个类、制作一个计划等。一项活动的时间粒度可以短至几个小时，长至几天，经常由一个参与者来参与，对一个或若干制品产生影响。但活动的时长不要过长或过短，难度也要控制在合理的范围内：如果一个活动的实现过于短暂或简单，那么它很可能在一个工作者正常的工作活动中顺带完成，在宏观的开发过程中应当予以忽视；另一方面，如果一个活动过于庞大或艰难，那么这个过程应该被分解和列入宏观计划。

一些常见的活动举例如下。

- 设计一轮迭代（工作者：项目主管）；
- 发现用例和参与者（工作者：系统分析师）；
- 检查软件设计（工作者：设计检查员）；
- 运行性能测试（工作者：性能测试员）。

14.4.3　制品

制品描述了一个过程中产生、修改或使用的事物。这些事物是真实存在的产品，既可能是最终成品的某个版本，也可能是某个成品的某个组成模块和组件。制品是一个工作者执行某项活动的工具（输入），也是一个工作者执行活动后的成果（输出）。在面向对象设计的术语中，活动可以说成是对某项活动对象的方法（操作），而这些方法中的参数则使用制品来描述。

制品有许多种类型，这里举一些常见的制品。

- 模型：用例模型、设计模型、分析类模型等；
- 模型中的元素：类、用例、参与者、子系统等；
- 文档：需求分析文档、可行性分析文档、用户手册等；

- 代码；
- 可执行文件。

14.4.4　工作流

当活动具备了工作者、活动、制品三个核心元素之后，需要使用工作流来对活动的操作顺序进行描述，如过程中工作者何时使用制品，何时进行操作，何时应该推出制品等。除此之外，工作流还可以展示工作者之间的交互关系。总结成一点：工作流就是展示一个活动的可见价值的流程，其最重要的意义是它为活动设计者对于活动进度进行宏观掌控提供了可能。如果使用 UML 来描述工作流，我们可以选择顺序图、通信图或活动图。

注意，有时活动与活动间的联系异常紧密，难以通过某个图来表示它们之间的具体依赖关系，尤其是负责执行它们的工作者或工作人员有重合的时候。人总是灵活的，我们很难在某种计划中阐述这个人将会如何具体同时完成两项工作，事实上一般也不需要做到如此精细。

14.4.5 节将介绍一类至关重要的过程——核心工作流，它对 RUP 中最重要的过程进行了划分和建模。

14.4.5　核心工作流

在 RUP 中，软件开发的全过程被分划成九个核心工作流，每一项工作中的工作者和活动依照逻辑规则被列入某一个或几个工作流中。这九个核心工作流中，有六个属于核心工程工作流：

- 业务建模工作流（business modeling workflow）；
- 需求工作流（requirements workflow）；
- 分析与设计工作流（analysis and design workflow）；
- 实现工作流（implementation workflow）；
- 测试工作流（test workflow）；
- 部署工作流（deployment workflow）。

而另外三个属于核心支持工作流：

- 项目管理工作流（project management workflow）；
- 配置与变更管理工作流（configuration and change management workflow）；
- 环境工作流（environment workflow）。

细心的读者可能会注意到，核心工程工作流中的一些概念有些类似于瀑布模型中的各个步骤。但需要认识到，瀑布模型是理想的线性过程，在 RUP 中，这些步骤是二维图中的一个维度，真正的生命周期是横轴所代表的产品完成度，这也就是 RUP 的精髓所在——它沿袭了瀑布模型中对各个工作的准确定义，但是在过程上采用迭代开发模式，在每一个过程（Phase）中体现出不同工作的交叉关系、工作量对比，而整个生命周期是经过一轮又一轮的迭代的。接下来着重介绍各个工作流的详细内容。

1. 业务建模工作流

在软件工程中一直存在着一个难题，那就是如何有效地建立起业务部门和技术部门的沟通。这个问题看上去既不像一个业务问题,也不像一个技术问题,似乎完全可以通过一个有效的团队内部组织和管理方法就可以解决。但现实是,直至今日这个问题仍然困扰着许多企业,在每个项目进行的时候他们仍然要花费大量的时间把这件事情做好。一旦这个环节出现疏漏,那么产品输出就很有可能和信息输入有所偏离。对此,RUP 提供了一种供业务部门和技术部门通用的统一语言,这种语言可以很好地协作开发团队建立可靠的业务和软件模型。

在业务建模阶段,我们对一些鲜明的业务过程进行建模,这种模型也就是本书第 2 部分中着重介绍过的业务用例模型。分析业务用例的过程就是帮助设计人员理解业务的过程。

2. 需求工作流

在需求工作流中,首要任务是让开发者与客户经过反复磋商,最终确定这个系统究竟应该做什么。这个过程不是一蹴而就的,因为客户不明白软件开发的专业术语,他描述的功能或许和这个系统真正要实现的功能还有一定的偏离,而恰好你又不是很确定在他的语境下他具体想要的是什么。为了最终达成一致,可能要经过软件开发方面的业务人员有意识的引导和提问,并且对得到的信息进行组织归纳,之后形成系统功能点、非功能需求和其他系统约束的文档形式。文档生成之后,第一步要交给投资者(为项目投资、对项目负责的一方)审阅,投资者确认无误后,软件开发方就可以进行下一步工序了。

对于需求调研得到的文档,应首先对其进行需求分析。需求分析的详细内容将在第 15 章中详细介绍,简言之,就是获取参与者和用例的过程。生成用例图的过程在第 2 部分也已经通过大篇幅进行讲解,在此亦不赘述。一旦用例模型生成,那么这个用例模型将在之后的整个软件开发过程中起到至关重要的作用——无论是需求获取、需求分析、系统设计还是软件测试,都需要用例模型的参与。

3. 分析和设计工作流

在这一工作流中我们主要关心这个系统将如何被实现。对于这个问题,应考虑以下三方面。

- 系统在某个环境下运行时的性能;
- 对于用户需求的满足程度;
- 系统结构的稳定性。

分析和设计工作流的输出主要是设计模型,还可能有一套分析模型。设计模型事实上是一种抽象源代码,它指出了最终代码的组织结构。设计模型包含一系列包,和其中的设计类与子系统,对于各个组件(模块)应当有良好的接口定义,并且应当包含一些说明(通信图等),描述这些设计类应当如何协作以完成特定的用例任务。

总结这些活动的本质,我们提出"架构"(architecture)的概念。工作流中的设计活动围绕着系统的架构进行,建立架构并且验证其可行性是项目初期几次迭代的最主要任务。架构是一个抽象、难以定义的概念,但是却可以通过一系列视图("4+1"视图)表述。这些视图构成了对架构的简单精要的理解,工程人员加深对架构的理解无论对于产品的稳定性还是之后产品的易于改进性都至关重要。

4. 实现工作流

实现工作流就是编程实现各个设计组件的过程。在软件的实现过程中，RUP 协助开发者重用已有的模块，或实现新的设计完善的模块，增加模块的重用性，并使得整个系统的实现变得更简单。实现工作流的主要任务目标如下所述。

- 通过子系统等模型确认代码结构；
- 实现各个组件中的类；
- 对组件进行单元测试；
- 将实现的成果整合进已有的可运行系统中。

5. 测试工作流

使用 RUP 的迭代方法开发软件意味着测试工作流将要贯穿开发过程的始终。也只有通过测试，才能在开发过程中发现各种风险和疏漏，然后利用一轮迭代的时间来解决现有的种种问题。尽管这看起来很烦琐，但事实上不断测试是迭代开发的基础，也正是这种方法使得软件开发的成本得到有效的控制。在测试时我们使用三个标准来评价当前的制品，它们是可靠性（reliability）、功能性（functionality）和性能（performance），其中性能又分为应用性能（application performance）和系统性能（system performance）。在这一阶段中，我们要完成的核心任务可以列举如下。

- 确认对象间交互可用；
- 确认组件与其余系统部分整合良好；
- 确认当前组件的所有需求已经满足；
- 确认缺陷已经在软件部署之前被解决。

6. 部署工作流

部署工作流的主要工作就是输出可用的完整产品，并将产品交付到用户手中。在此期间可能涉及以下几个活动：

- 生成软件的发布版本；
- 打包软件；
- 分发软件；
- 安装软件；
- 为用户提供必要帮助。

在部分情况下，还可能涉及以下内容。

- 进行 beta 版测试，或制订 beta 版的测试计划；
- 软件和数据的迁移；
- 验收活动。

尽管这些部署活动与转化阶段（交互阶段）紧密相连，但许多活动事实上需要在之前的各个阶段中做好充分的准备。由于其内容和交互阶段有很多重合，RUP 并没有给出此工作流的更详细说明。

7. 项目管理工作流

软件项目的管理是一项颇具挑战性的工作。这项工作结合了目标实现、风险管理、控制约束等技术,并且只有经过成熟的项目管理,其产品才更有可能达成用户(包括投资者与最终用户)的需求。但事实是,鲜有软件项目不被这些问题难倒。

在这个工作流中,我们主要关心迭代开发过程中某些特定的方面,其目标是为了使任务更容易、更高质量地完成。在这个阶段中需要提供以下内容。

- 一个用于管理软件密集型项目的框架;
- 开发过程中计划、执行、人员调配和项目监控等过程的实用指导;
- 风险管理框架。

项目管理是如此之难,以至于我们无法通过给出一系列任务目标就保证这个工作流可以被正确完成并且对项目起作用。以上这些仅仅是一些经验和建议,可能需要在特定的项目中进行细化。但有一点毫无疑问,那就是一个好的项目管理框架会显著提升项目的成功率。

8. 配置和变更管理工作流

配置和变更管理工作流描述了开发团队应当如何掌控数量庞大的制品。在 14.4.4 节中,我们介绍了在各个过程中的每个工作者处都要产生若干制品,那么对于这些制品的控制就必不可少。以下几个原因可以解释为什么我们需要控制制品。

- 同时更新导致出错——几个不同的工作者分别对同一制品进行更改,后提交的一方将先提交的制品覆盖;
- 交流不及时——制品中某些部分已经被修改或修复,但某些制品的分享者并不知情,仍然在进行修改;
- 版本混淆——同一功能模块在不同阶段可能表现为多个制品,它们一些用来做测试,一些被纳入某个稳定的发布版本,有一些正在开发当中。版本混淆表现在我们发现了某个版本下某个模块的问题,却无法找到对应版本的制品去做修复。

此工作流为以上几种问题的解决提供了指导原则——基于软件构建制定版本跟踪计划;使用用户定义的版本规格生成发布版本;确立有效的多点开发策略。而且我们建议在使用这些策略的时候加入一些自动化控制方法,因为制品的数量是如此庞大,缺少自动化方法意味着团队需要付出大量时间成本去进行制品管理。

最后,我们建议在每次制品变更时都要对变更信息加以描述,描述的格式为"谁,何时,为何,对制品进行了修改"。这种控制方法使得版本追踪、问责、Bug 的发现和解决变得易如反掌。

9. 环境工作流

环境工作流的目的是给予开发人员以足够的编码工具、第三方库等各类资源,这些工作资源统称为环境。这个工作流关注那些使得项目进程得以顺利进行的辅助活动,此工作流需要及时地提供一些指导原则、开发包、实用库,以便开发人员保持高效率的工作。

14.5　在统一软件开发过程中使用 UML

　　RUP 作为一种实用的软件工程方法论，其具体的执行和实现是少不了工具的帮助的。UML 作为 Rational 在发明 RUP 的过程中产生的一种软件领域的统一建模语言，本身与RUP 的契合度就很高。之前已经介绍过，RUP 在时间轴方面可以分为四个主要阶段，分别为起始阶段、细化阶段、构建阶段以及转化阶段。按照阶段的不同，主要参与工程的 UML 图也不同。本节将介绍如何在统一软件开发过程中使用 UML。

14.5.1　起始阶段常用的 UML 图

　　起始阶段最主要的问题是确定需求，对于软件工程师来讲，用户的需求只有转化成"用例"才可以被实现。所以起始阶段的主要任务实质上是需求分析，之后对于所有可能的用例进行发掘，再对一些重要的用例进行描述（分为静态和动态两个方面）。

　　面向对象需求分析的过程的六个步骤可以总结如下。

- 获取需求；
- 建立用例模型；
- 识别分析类；
- 定义类之间的关系；
- 定义交互行为；
- 建立分析模型（静态模型和动态模型）。

　　因此在起始阶段中，通常有用例图、类图、活动图、顺序图等 UML 视图的参与。

　　一般来说，获取用户需求之后首先要将这些需求转化为系统的顶层用例图，如图 14-3 所示。

图 14-3　起始阶段的顶层用例图

在确定了用例之后,需要为重要用例添加事件流描述。有了事件流描述之后就可以为一些用例中使用到的系统功能来指定分析类,如图 14-4 所示。

图 14-4 系统的分析类图

对于一些重点用例,可以绘制它们的动态模型,图 14-5 就是系统中"用户登录"用例的顺序图。

图 14-5 "用户登录"用例的顺序图

14.5.2　细化阶段常用的 UML 图

细化阶段负责交接分析阶段和构建阶段，其核心任务是对分析的结果进行细化精化，最终输出一套"伪代码"级别的设计文档，便于构建阶段中的工作人员准确地按照既定目标前进。

在细化阶段经常需要使用到类图、包图、组件图几种静态视图，以及所有动态视图。

在静态视图中，细化阶段的类图主要描述系统的设计类。包图用来将系统划分成子系统，可以厘清系统中的功能分布，也便于分工和合作。在大型项目中，可以将一些实现统一功能的代码集合抽象成一个高层次的"组件"，组件和组件之间通过接口相连来完成系统服务，这时就需要组件图来描述，如图 14-6 所示。

图 14-6　在细化阶段使用组件图

动态视图用来确定任意时刻系统中某一对象/实体需要执行的操作，或应该处于的状态，如图 14-7 和图 14-8 所示。

图 14-7　登录过程的通信图

14.5.3　构建阶段常用的 UML 图

到构建阶段，使用 UML 的高频期已经过去（毕竟 UML 是一种设计语言，而不是真正的伪代码）。在详细的编码过程中偶尔会对之前的设计进行细微修改，基本不会改变整体的系统设计,需要 UML 的地方不多。但仍然有一个问题需要在选择软件框架、编程语言、目标平台时进行考虑,那就是最终系统要部署到的位置,这个时候需要用到 UML 的部署图来说明,如图 14-9 所示。

图 14-8 "登录界面"的状态机图

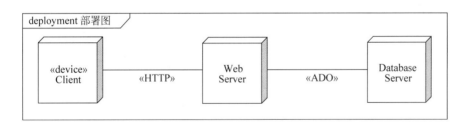

图 14-9 在构建阶段使用部署图

14.5.4 转化阶段常用的 UML 图

转化阶段是以用户为主导的阶段,用户需要试用软件来确定其要求是否已经被满足。在软件被交付给最终用户这一"刁钻"的群体前,可以将设计过程中的用例图拿回来,作为内部人员测试系统功能的重要依据。

并且,在测试时可以使用用例图来设计测试用例,使用活动图来辅助测试。活动图可以描述软件相关的并发等概念,同样也可以跨出软件术语的范畴去描述一个通用流程,这就赋予了它一个在软件内外对问题进行排查的功能,同时其判断-分支机制可以用一种"等价类"的结构去快速覆盖所有测试点。

小结

本章对统一软件开发过程（RUP）进行了详细介绍。统一软件开发过程是 Rational 公司综合了 Rational 方法和 Objectory 过程的优势，提出的一种可定制的、面向对象的、基于网络的程序开发方法论。这种方法论为许多方面、不同层次的软件开发提供了指导方针、模板以及事例支持。

RUP 可以用一张二维图来描述，横轴代表不同的阶段，纵轴代表不同的核心工作流。四个主要阶段分别为起始阶段、细化阶段、构建阶段和转化阶段，每个阶段有不同的阶段任务、阶段成果和里程碑，在里程碑未达成的情况下可以进行迭代。核心工作流有九种，分为六种工程工作流、三种辅助工作流，在每个工作流中定义了该工作流中具体的工作方法和任务目标。核心工作流在不同的阶段中可以有所重叠，但各个主要阶段不重叠。

在具体的描述过程中涉及了一些软件工程术语，它们在 RUP 中被称作静态结构，本章中介绍了工作者、活动、制品、工作流四种重要的静态结构。

在本章的最后还介绍了在统一软件开发过程中使用 UML 的一般方法。

习题 14

1. 选择题

（1）统一软件开发过程 RUP 共存在四个阶段，下列选项中，（   ）不是 RUP 的阶段之一。

    A. 起始阶段　　　　　B. 策划阶段　　　　　C. 构建阶段　　　　　D. 转化阶段

（2）统一软件开发过程共有九个核心工作流，下列选项中，（   ）不是 RUP 的核心工作流。

    A. 需求工作流　　　B. 实现工作流　　　C. 测试工作流　　　D. 构架工作流

（3）以下关于里程碑的说法中错误的是（   ）。

    A. 里程碑是阶段之间起到交接作用的目标条件

    B. 里程碑需要考虑到许多方面的因素，例如预算、技术难度、稳定性等

    C. 里程碑是决定一个项目是否成功的关键，不能达到阶段里程碑的任务应该果断抛弃

    D. 里程碑是最终软件产品质量的保证，达不到里程碑的阶段可以考虑进行迭代

（4）UML 中（   ）一般不在需求工作流中出现。

    A. 组件图　　　　　B. 类图　　　　　C. 活动图　　　　　D. 顺序图

（5）RUP 建议使用这个句式来描述过程："谁在什么时候要用什么方法，做什么"，其中"做什么"对应着静态结构中的（   ）元素。

    A. 工作者　　　　　B. 活动　　　　　C. 制品　　　　　D. 工作流

（6）下列有关核心工作流的描述有误的是（   ）。

    A. 在分析和设计工作流中需要考虑系统的运行时性能，以及用户需求的满足程度

    B. 实现工作流就是编程实现各个设计组件的过程

C. 部署工作流需要输出完整产品,并对组件进行单元测试

D. 配置和变更管理工作流描述了开发团队应当如何掌控数量庞大的制品

(7) 下列选项中,不是迭代过程的优势的一项是(　　)。

A. 可以更早地弱化风险

B. 更灵活地处理各种变化

C. 可以建立更抽象的软件架构

D. 开发团队不必一次完成所有工作,可以在工作的过程中学习和调整

(8) 大型项目中的配置与变更管理工作流十分重要,下列选项中不是其原因的一项是(　　)。

A. 团队缺乏管理,同时对产品进行更新会导致出错

B. 团队对产品的理解不一致,得出的产品用户不满意

C. 团队交流不及时,可能导致制品中的某些部分已经被修改或出现重复,而分享者不知情

D. 项目管理混乱,同一功能模块在不同阶段的制品可能会发生版本混淆

(9) 估计项目时长、对项目进行风险评估一般是(　　)进行的工作。

A. 起始阶段　　　　B. 细化阶段　　　　C. 构建阶段　　　　D. 转化阶段

(10) 测试工作流的主要工作不包括测试系统的(　　)。

A. 可靠性　　　　B. 功能性　　　　C. 性能　　　　D. 代码复杂性

2. 判断题

(1) RUP 是一个协助 UML 实现软件设计的工作过程。　　　　(　　)

(2) 制品指的是软件产品,可以有测试版或发布版的可执行文件,但不包括文档。(　　)

(3) RUP 的核心工作流有九个,其中六个属于核心工程工作流,三个属于核心支持工作流。　　　　(　　)

(4) 瀑布模型是一个线性过程模型,瀑布模型相当于 RUP 二维模型的一个维度。　　　　(　　)

(5) RUP 过程的静态结构通常用"活动""制品""参与者"和"工作流"的术语描述。　　　　(　　)

(6) 迭代过程指的是在某一个工作流中重复执行工作。　　　　(　　)

(7) 在起始阶段和转化阶段均可以使用到用例图。　　　　(　　)

(8) 核心工作流在不同的阶段中可以有所重叠,但各个主要阶段不重叠。　　　　(　　)

(9) 工作者指的是某一个执行工作的业务人员。　　　　(　　)

(10) RUP 的两个阶段之间交接的重要条件被称为迭代条件。　　　　(　　)

3. 简答题

(1) 列举迭代过程相对于顺序过程(瀑布模型)的优点。

(2) 简述 RUP 中的核心工作流。

(3) 简述 RUP 的静态结构,并解释工作者、活动、制品和工作流的概念。

(4) 什么是里程碑? 谈一谈里程碑对保证最终产品质量的重要作用。

第15章

案例：小型网上书店系统

视频讲解

本章介绍一个小型网上书店系统的具体建模案例。读者可以通过此案例模型和建模过程加深对 UML 的理解和认识。

15.1 需求分析

本节主要介绍小型网上书店系统在需求分析阶段所要做的工作。

15.1.1 项目背景描述

随着互联网时代的到来，出现了很多网络书店，现在很多人选择网络购书，而不是到实体书店购书。某公司计划建立一个网上书店，需要本软件团队来为公司开发一款"小型网上书店系统"。系统的主要功能是实现用户通过互联网的图书购买。未注册的用户（以下称为游客）可以通过本系统搜索图书，并可以查看图书的书名、作者、价格等一系列基本图书信息，还可以通过注册来成为网上书店的会员（注册用户）。会员需要注册，从而获得购书的所有功能。购买行为又称作交易，每一次交易对应一张订单。为了方便，本系统拟提供会员对已下订单的管理功能。

一个典型的会员购买流程如下。
- 用户（注册并）登录；
- 用户在浏览图书时选择其中一本；
- 填写姓名、收货地址、手机号等必要信息（在这一步生成订单）；
- 用户确认订单，并通过第三方支付平台进行支付；
- 支付成功后，通知书店发货；
- 书店发货；
- 用户收货，并确认收货。（订单生命周期结束）

考虑到网络交易的非实时性，订单的处理情况可能比较复杂（尤其是涉及取消订单和退货问题时），在实现时需要注意这一点。

15.1.2 系统需求分析

使用以下包含三个步骤的建模方法进行该项目的需求分析。

1．参与者的确定

根据参与者确定其对系统有何需求，把这些需求转化成用例。

小型网上书店系统最明显的主要业务参与者就是游客和会员，其次由于系统的书单需要管理员来维护，所以管理员也是这个系统的参与者。所以参与者有游客、会员、管理员三者。

2．用例的获取

在描述中可以看到，游客可以浏览和搜索网上书店的书目，可以查看某种书的详细信息，并且可以注册成为会员，所以起初可以将这三个需求加以转化；会员具有游客的全部功能，并且还可以登录以及进行购书操作，并还可以修改和取消订单（均纳入订单管理）；管理员可以对书目进行管理，并且在使用管理员功能时也应当事先登录。

3．系统的模块划分

由于系统存在一定的复杂程度，考虑将其划分成以下几个模块。
- 用户管理模块；
- 订单管理模块；
- 书目管理模块。

4．系统的非功能需求考查

由于背景中给出的信息很少，考虑到未来可能添加更多的功能，应当适当地提高系统的可扩展性。因此该系统应采用分层设计，把各个功能模块横向划分为显示层、接口层、实现层。在本项目中这些层次对应着以下组件。
- 显示层：界面层；
- 接口层：业务动作层；
- 实现层：业务实现层；
- 其他实用组件：数据库。

15.1.3 用户管理模块

用户管理模块的核心任务是提供用户的注册、登录、个人信息添加和修改等功能。

本模块涉及的参与者包括游客、会员和管理员。对于三种不同的参与者分别存在以下功能。
- 游客可以通过本模块进行注册和登录。
- 会员可以通过本模块添加个人信息、修改个人信息；个人信息包括昵称、密码、个人描述、常用收货地址等。
- 管理员通过本模块对已注册用户（会员）进行管理，包括对一些常常进行非法操作的账号进行封禁和销号等。

15.1.4 订单管理模块

订单管理模块的主要任务是管理用户的订单，即已确认和未确认的购买记录。

本模块涉及的参与者主要为会员。会员可以通过本模块对指定图书进行购买操作，生成订单；可以对已有的订单进行管理；可以取消一份未确认的订单。

15.1.5 书目管理模块

书目管理模块的主要功能是管理网上书店的书目信息。

本模块设计的参与者为管理员。管理员可以通过本模块进行图书上新、下架、信息修改等工作。

15.2 系统的 UML 基本模型

本节主要介绍小型网上书店系统的一些基本模型。

15.2.1 需求分析阶段模型

小型网上书店系统的整体用例图如图 15-1 所示。通过对项目背景进行需求分析，得到用户管理模块的主要业务参与者有游客、会员和管理员。另外还有一个外部服务参与者——第三方支付系统。

图 15-1 小型网上书店系统的用例图

各用例的详细描述如下。

1．书目管理模块

（1）添加图书：管理员通过本用例进行网上书店新书信息的录入；

（2）删除图书：管理员通过本用例进行网上书店下架图书的删除；

（3）修改图书信息：管理员通过本用例进行某条图书信息的修改。

2．用户管理模块

（1）注册：游客通过本用例进行注册，并成为网上书店的会员；

（2）登录：游客通过本用例登录，从而可以用会员身份访问网站；

（3）修改个人信息：会员通过本用例进行个人信息管理——个人信息包含的很多子项均在此用例中统一修改，故将其结合在同一用例中；

（4）管理会员信息：管理员可以通过本用例进行用户信息管理，并且对某些用户进行封禁/解除封禁操作。

对于封禁用户还需要进行进一步说明：封禁会员的意义在于当有会员多次进行恶意操作（如大量提交购买操作但不确认订单等），系统管理员可以及时地查明情况并对恶意账号进行封禁。被封禁的账号不可以再进行购买。

3．订单管理模块

在本系统的设计中，认为一个订单具有很多状态，每个状态对应着购买过程的一个时段，订单的状态图参见 15.2.2 节。

（1）查看所有订单：会员通过本用例查看所有与自己相关的订单；

（2）查看单个订单：会员通过本用例查看某一订单的详细信息；

（3）取消订单：会员通过本用例取消一个未结束的订单（此用例可能发生退款过程，但不在系统考虑范围内）；

（4）提交订单：会员通过本用例提交订单，并且进入付款过程；

（5）付款：会员通过本用例付款，此用例的具体实现需要与第三方支付系统进行交互。

15.2.2 基本动态模型

1．"用户登录"用例的活动图

"用户登录"用例的主要过程如下：

（1）用户进入登录界面；

（2）输入用户名、密码、验证码；

（3）单击登录；

（4）系统对输入信息进行验证；

（5）验证成功则用户以会员身份进入网站，否则返回错误页面。

使用活动图来表达整个过程，如图 15-2 所示。

2．"取消订单"用例的活动图

在本系统中，"取消订单"是一个比较复杂的用例。在订单处于不同状态时取消订单的用例事件流有比较大的变化,对这样经常需要根据条件变化的事件过程建立适宜的活动图。

图 15-2 "用户登录"用例的活动图

取消订单用例的活动图如图 15-3 所示。

3. "提交订单"用例的通信图

"提交订单"用例涉及用户界面、订单控制、数据库管理三个对象,以及一个数据库组件。会员通过用户界面来新建订单、填写必要信息并提交；订单提交到订单控制对象时需要经过信息校验,校验成功后通过数据库管理类来向数据库中记录订单信息,数据库将成功消息沿着各个类反向传递回用户界面。

"提交订单"用例的通信图如图 15-4 所示。

4. "订单"实体的状态机图

"订单"实体在本系统中存在未确认、已确认、已发出、已取消、已收货五个状态,不同状态的语义如下。

- 未确认：用户选择了购买商品,输入了必要的信息（如收货地址等）,但没有确认购买；

图 15-3 "取消订单"用例的活动图

图 15-4 "提交订单"用例的通信图

- 已确认：用户确认购买并付款，网站正在对订单进行处理或刚刚处理完毕，书店方面没有发货；
- 已发出：书店已经发货，此时不支持从网站退货，若退货则需要另行和工作人员联系；
- 已取消：未发货的订单被取消，交易结束；
- 已收货：用户确认收到了商品，交易结束。

状态在发生指定事件的时候发生转移，表达为"订单"实体的状态机图，如图 15-5 所示。

图 15-5 "订单"实体的状态机图

5."添加图书"用例的顺序图

添加图书的基本步骤如下。

（1）管理员在图书管理界面中选择"添加图书"；

（2）界面类返回一个添加图书的操作界面；

（3）管理员录入新图书的各个信息并单击"提交"按钮；

（4）界面类向图书管理控制类发出添加图书请求，并将图书信息传给控制类；

（5）控制类收到添加图书请求，执行一定方法，通过图书数据管理类向数据库中录入信息；

（6）图书数据管理类录入成功，向控制类返回成功信息；

（7）控制类返回成功信息，由界面类向管理员呈现最终的成功界面。

将全部过程转化成类与类之间的顺序图，如图 15-6 所示。

图 15-6 "添加图书"用例的顺序图

15.3 类的设计与实现

本节主要介绍小型网上书店系统中类的设计和实现过程。

15.3.1 系统设计类

在系统的整体类图(见图 15-7)中可以清晰地看到分层结构。

用户页面、图书管理页面、订单管理页面、用户信息管理页面四个控制类从属于业务动作层,其中后三者为用户界面类的子类,这些类接收页面的输入,并且触发相应的业务动作。

图书管理类、订单管理类、用户信息管理类三个控制类属于业务实现层,被业务动作层触发,并完成相应的业务逻辑。

图书、订单和用户是三个系统范围内重要的实体类。

数据库管理类贯穿了各个层次,实现数据库读写的具体功能。

15.3.2 类的实现

使用 UML 建模工具的代码生成功能,可以快速生成 Java 语言的类框架。因为具体实现逻辑比较复杂,不便在本书中讨论,以下仅将部分类的框架代码附上。

图书管理类的代码生成结果:

```
//Source file: D:\\UML and Rose\\rose\\BookManagement\\BookManagement.java
package BookManagement;
import BookManagementInterface;
public class BookManagement
{
```

图 15-7 "小型网上书店系统"的总体类图

```
public BookManagementInterface theBookManagementInterface;
public Book theBook[];

/**
 * @roseuid 5639BEEA019B
 */
public BookManagement()
{

}
```

```
    / **
     * @roseuid 562658C20030
     */
    public void addBook()
    {

    }

    / **
     * @roseuid 562658C8036F
     */
    public void deleteBook()
    {

    }

    / **
     * @roseuid 562658D00154
     */
    public void modifyBookState()
    {

    }

    / **
     * @roseuid 562658DA0083
     */
    public void findBook()
    {

    }
}
```

图书实体类的代码框架：

```
//Source file: D:\\UML and Rose\\rose\\BookManagement\\Book.java
package BookManagement;
import OrderManagement.Order;
public class Book
{
    private int ISBN;
    private int title;
    private int author;
    private int category;
    private int prize;
    private int quantity;
    private int description;
    public Order theOrder;

    / **
     * @roseuid 5639BEEA0119
     */
```

```
public Book()
{

}
}
```

15.4 系统的组件图和部署图

本节主要介绍"小型网上书店系统"的组件图和部署图。

15.4.1 系统的组件图

本系统为满足扩展性的要求，对系统进行了分层设计。系统中有三个组件，是系统三个层次的抽象表达。

在软件产品的使用过程中，对用户可见的仅仅是界面层一层。在界面层上包含了用户界面的显示逻辑代码，例如对页面上 UI 元素的位置编排，以不同分辨率显示时的自适应功能等。其中，界面层的交互 UI 元素（如按钮、表单等）是真正与业务动作层进行交互的事物。

界面层的下一层是业务动作层。业务动作层是一个"接口"层，它的主要任务是在保证高内聚、低耦合的基本要求下，实现界面和业务实现层的交互。在业务动作层中，主要包含的是一些方法的定义（可以视为接口），这些方法的具体实现要通过下一层业务实现层才可以完成。

业务实现层主要包含真正用来实现业务过程的代码。之所以将业务实现层与动作层分离，就是因为在扩展时可能会涉及实现方法的改变，分离后的组件可以将修改范围限制在实现层这个单一组件之内，大大减轻了修改量，增强了灵活性。

系统的组件图如图 15-8 所示。

图 15-8 小型网上书店系统组件图

15.4.2 系统的部署图

通常，部署图包括系统运行时的硬件节点，以及在这些节点上运行的软件组件将在何处物理地运行，以及它们将如何彼此通信。在图 15-9 中，包含的节点有 Client、Server 和 Database Server，Client 和 Server 之间通过 HTTP 通信，Server 和 Database Server 通过 ADO 进行通信。各个节点所含的组件如下。

Server 节点：软件产品的主要部分均部署在该节点中。具体包括业务动作层、业务实现层以及界面层三种组件的代码和各种资源；

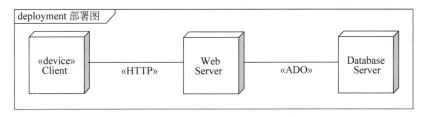

图 15-9　小型网上书店系统部署图

Database Server 节点：本系统的数据库组件部署在该节点中，通过 ADO 与系统主体进行连接，提供数据库的增删读写服务，并且通过硬件方式保证系统安全；

Client 节点：Client 节点基本不包含软件产品的具体内容，仅仅是接收并显示系统生成的动态网页。这些动态网页在 Server 端由界面层组件生成，使用 HTTP 协议传输到各个客户端（浏览器）进行显示。

开发文档和代码

第16章

案例：小型二手货交易系统

视频讲解

本章将主要介绍一个小型二手货交易系统的建模案例。通过此案例,读者可以进一步熟悉使用 UML 进行建模的过程。

16.1 需求分析

在项目的开端应当进行系统的需求分析。根据对客户的需求调研,我们得到了以下背景材料:

大学生作为社会中不可忽视的团体,每学期对各类商品如图书、电子产品等都有不同程度的需求。考虑到大学生没有经济来源,以及部分商品可以在各年级同学间重复使用的特殊情况,每学期都购买新商品的行为并不划算。但学生在校园内随意交易的行为不易管理,因此这里考虑建立校园二手货交易平台,使校园二手货交易更方便,更易于管理。

吸取了已有的网上商店项目的一些经验,并基于与客户交流的结果,本项目从“买方”“卖方”两个方向进行功能获取。一次交易必然存在一个卖方和一个买方,在本项目的语境中,卖方手中持有一些使用过并且闲置或不再需要的物品,希望通过本系统卖出并获取收益;买方需要一些便宜实用的物品,希望通过本系统找到并购买这些二手货。所以本项目的核心任务是解决卖方的“出售”问题和买方的“需求”问题。

出售、需求问题的表述非常抽象,以下将逐步细化对这两个问题的描述。

传统的网上商店是卖方只管出售指定分类、品牌或款式的货物,买方搜索卖方信息(或商品信息),之后对其感兴趣的物品进行购买,如图 16-1 所示。由于本系统的商品类型比较特殊(二手货),而且使用环境也有所限定(校园),故可以提高买方的主动性,给买方一个“提出需求”的功能。这样,在卖方手中有相应的闲置物品,并且认为买方报价合理的情况下,也可以进行交易,如图 16-2 所示。这样就提高了系统的利用率和交易数。

图 16-1 传统的网上商店买卖关系

图 16-2 “小型二手货交易系统”的买卖关系

根据客户描述和业务人员总结,我们得出"小型二手货交易平台"这个项目的基本功能包含登录注册、浏览商品、商品管理、线上交流、购买商品、需求管理和系统管理几个部分。

16.1.1 子系统划分

为了便于管理,将每个重要的功能需求方向确定为一个子系统。根据不同的功能需求方向,该软件可以划分为以下几个子系统。

- 系统管理。
- 登录注册。
- 浏览商品。
- 商品管理。
- 线上交流。
- 需求管理。

小型二手货交易系统的子系统可以表示为如图 16-3 所示的包图。其中"实用"包包含了一些通用控制类。

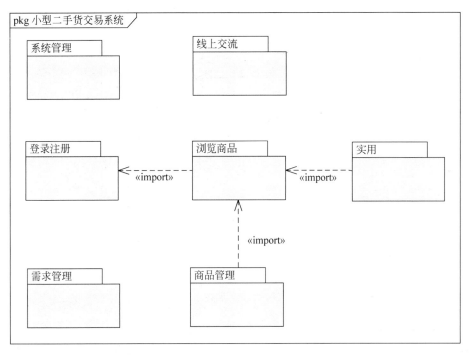

图 16-3 "小型二手货交易系统"子系统的包图

16.1.2 系统功能需求

1. 登录注册子系统

- 会员注册。
- 会员登录。

- 查看基本信息。
- 修改基本信息。
- 注销。

登录注册子系统用例图如图 16-4 所示。

图 16-4　"登录注册子系统"的用例图

2．线上交流子系统

- 查看好友列表。
- 添加好友。
- 删除好友。
- 搜索会员。
- 删除私信。
- 查看私信。
- 发私信。
- 回复私信。

由于"线上交流子系统"的内容过多，这里再次将其划分为两个子包："好友管理"和"私信管理"。"线上交流子系统"的用例图见图 16-5 及图 16-6。

图 16-5 "线上交流子系统""好友管理"包的用例图

图 16-6 "线上交流子系统""私信管理"包的用例图

3. 浏览商品子系统

- 分类浏览商品。
- 搜索商品。
- 查看商品详情。
- 添加收藏商品。
- 查看收藏商品。

- 删除收藏商品。
- 提交报价。
- 查看报价。
- 删除报价。

对于管理员而言还存在：

- 删除商品。
- 修改商品信息。

"浏览商品子系统"的用例图见图16-7。

图16-7 "浏览商品子系统"的用例图

4. 需求管理子系统

- 发布需求。
- 查看需求。
- 修改需求。
- 删除需求。

"需求管理子系统"的用例图如图 16-8 所示。

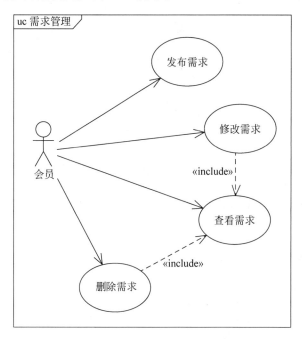

图 16-8 "需求管理子系统"的用例图

16.1.3 非功能需求

根据需求分析的结果和开发人员的经验,我们得到了以下非功能需求。

安全性需求:卖家及买家在系统上发布的信息涉及个人财产,所以存储这些信息的数据库应具有很高的安全性。另外,用户登录的密码等私人信息应经过 MD5 加密,防止他人盗取。

稳定性需求:该系统部署后,在硬件条件和支持软件条件没有发生变化的情况下,能够一直保持运行状态,直到系统被升级或替代。

数据管理能力需求:考虑到学校中学生的规模,所以本系统应至少能容纳 5000 名用户的个人信息和物品信息的存储,同时系统应能承受 500 人同时在线提交请求。

16.2 系统设计

在对项目进行需求分析之后,我们明确了每个模块(子系统)的具体用例。在系统设计阶段,我们将把这些用例细化成过程和交互,使用 UML 呈现出系统的静态、动态模型。

16.2.1 系统设计类图

对每个子系统设计类图,有了类图之后比较容易进行下一步分析。

1. 登录注册子系统

"登录注册子系统"中含有用户实体类、用户界面控制类以及实用包中的数据库管理类，如图 16-9 所示。

图 16-9　"登录注册子系统"的类图

其中用户界面控制类具有以下五种方法。
- Navigate()方法负责页面的跳转；
- Login()、Logout()方法负责登录和退出；
- Register()方法用于注册；
- Authenticate()函数负责验证用户信息。

用户类主要记录用户以下关键信息。
- pid 属性为用户在系统中的唯一识别号；
- username 属性为用户名；
- password 属性为密码。

在数据库管理类中函数的功能如下。
- Select()函数实现搜索数据库中的表项；
- Modify()函数修改数据库中的表项；
- Add()、Remove()函数增加、删除数据库中的指定项。

数据库管理类是一个通用类，在之后的子系统也会不断地使用到它。以后不再重复描述数据库管理类的方法（函数）。

2. 浏览商品子系统

"浏览商品子系统"中包含了浏览信息控制类、收藏商品控制类、商品信息实体类、需求信息实体类以及来自实用包中的数据库管理类。

"浏览商品子系统"的类图如图 16-10 所示。

其中，在浏览信息控制类中各方法描述如下。
- Search：向数据库管理类发出一条获取信息请求；
- SeeDetail：返回商品信息展示页面。

需求信息实体类中各属性描述如下。
- id：需求编号；
- pid：发出需求者的唯一识别号；

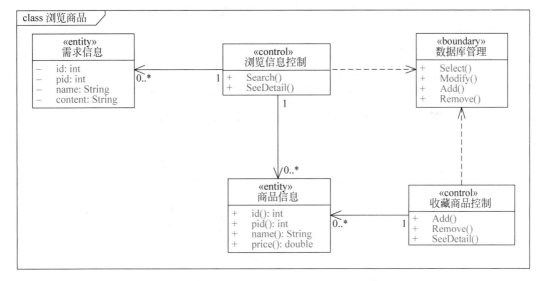

图 16-10 "浏览商品子系统"的类图

- name：需求名；
- content：需求的具体内容。

商品信息实体类各属性描述如下。

- id：商品编号；
- pid：商品持有者（卖方）编号；
- name：商品名；
- price：商品价格。

收藏商品控制类中 Add、Remove、SeeDetail 分别对应添加收藏、移除收藏、查看详细商品信息三个功能。

3. 商品管理子系统

类似地，在"商品管理子系统"中，有商品管理控制类、数据库管理类以及商品管理需要的实体类——商品信息类。

"商品管理子系统"的类图如图 16-11 所示。

商品信息类和数据库管理类的各个属性已经在浏览信息子系统类图中介绍过，此处不再重复。

商品管理控制类中的各个方法具体含义如下。

- AddNew：向系统中添加一个新的商品；
- Withdraw：从系统中撤回一个已有商品；
- Modify：修改商品信息。

4. 线上交流子系统

线上交流有两个主要功能部分：一部分是对于好友的管理功能，另外一部分是对于信息（私信、短消息在本系统中均等价于"信息"，只是惯称不同）的管理功能。故"线上交流子系统"主要由线上交流控制类、好友管理类、信息管理类三个控制类来支撑。另有短消息实体类作为短消息的抽象。

- 线上交流控制类主要负责页面的访问和跳转；
- 好友管理类负责实现会员对好友的管理功能；
- 信息管理类负责实现会员对信息（私信、短消息）的管理功能；
- 短消息实体类的属性对应着会员之间传递的短信息的各个属性。

图 16-11 "商品管理子系统"的类图

"线上交流子系统"的类图见图 16-12。

图 16-12 "线上交流子系统"的类图

好友管理类的方法 Add()、Remove()、Search()分别对应着添加好友、删除好友和搜索好友。

线上交流控制类的方法具体含义如下。

- Navigate()：控制界面跳转；

- InBox()：返回收件箱页面；
- OutBox()：返回发件箱页面；
- NewMsg()：返回撰写新消息页面。

以上 InBox()、OutBox()、NewMsg() 三种方法需要依靠信息管理类的各个方法来完成功能，信息管理类的 Write()、Read()、Send()、Delete() 方法分别对应着撰写新消息、阅读消息、发送消息、删除一条已有消息四个业务功能的具体实现。

5. 需求管理子系统

"需求管理子系统"由需求管理控制类、数据库管理类两个控制类和需求信息一个实体类构成，如图 16-13 所示。

图 16-13　"需求管理子系统"的类图

6. 实体类间的关联关系

因为短消息、需求信息和商品信息分别与会员建立起了发送/接收者、需求发布者、商品供给方三种关系，所以在本系统中，这些实体之间的关系应当使用关联关系来表述。

小型二手货交易系统各个实体类之间的关联关系如图 16-14 所示。

图 16-14　实体间的类图

16.2.2　关键用例的动态模型

根据需求分析阶段得到的需求模型，我们可以描述一些用例的事件流。这些事件流经过细化之后可以通过动态模型来表达。

1. 用户登录用例的顺序图

用户登录用例是一个基础用例，游客通过在用户界面单击"登录"按钮，输入信息之后触发用户界面控制类的 Login() 方法，用户界面控制类通过数据库来验证用户的身份信息，成功后将用户身份变成会员（记录一个 session）并跳转到会员主页。

本用例的顺序图比较简单，如图 16-15 所示。

图 16-15　"用户登录"用例的顺序图

2. 发布商品用例的顺序图

通过发布商品用例的顺序图可以展示出许多基于 MVC 架构的相似用例的实现过程。发布商品用例顺序图见图 16-16。

3. 查看商品信息用例的通信图

通过查看商品信息用例的通信图可以从类的通信——消息（本例中主要为函数调用）的角度去观察用例实现的过程。查看商品信息用例的通信图如图 16-17 所示。

4. 发消息用例的活动图

发送消息是本系统中一个比较复杂的活动，首先用户需要登录以会员身份进入系统，并且进入发送消息界面。在这个界面中用户会看到消息内容的填写框，需要分别填写收件人、标题和内容。系统规定一个消息的标题和内容必须均非空，并且收件人需要是系统的有效会员。在接下来的步骤中系统（控制类）将对这一要求进行检验。信息发送成功后，收件人一方应当收到新消息提醒。

图 16-16　"发布商品"用例的顺序图

图 16-17　"查看商品信息"用例的通信图

发消息用例的活动图如图 16-18 所示。

5. 修改基本信息用例的活动图

会员的基本信息中有一项是密码。会员在修改基本信息的时候若有尝试修改密码的行为，可能有以下两种不安全情况出现。

（1）用户离开公用计算机没有注销，恶意分子可能盗取该账号；

（2）用户在修改其他信息时不小心修改了密码，可能导致用户丢失密码。

出于以上安全性诉求，在会员修改密码时，系统应当再次校验用户的身份与意图。修改基本信息用例的活动图如图 16-19 所示。

图 16-18　"发消息"用例的活动图

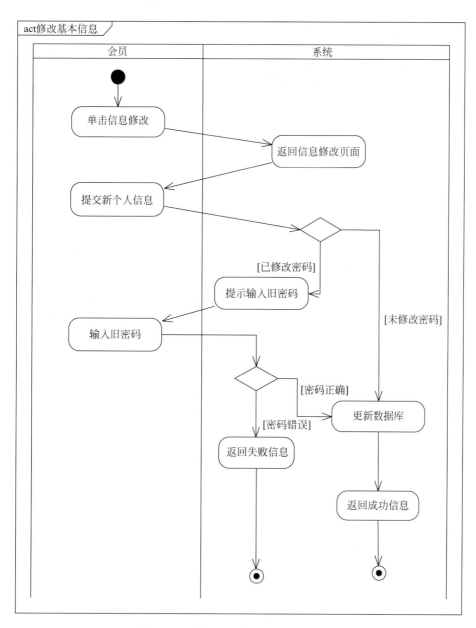

图 16-19 "修改基本信息"用例的活动图

16.2.3 类的代码框架

以用户界面控制类为例，使用工具自动生成的结果如下。

```
//Source file: D:\\STUDY\\UML and Rose\\rose\\LogIn\\UserInterfaceController.java
package LogIn;
public class UserInterfaceController
{
    public User theUser[];
```

```
    /**
     * @roseuid 5639B7EB00B7
     */
    public UserInterfaceController()
    {

    }

    /**
     * @roseuid 561D46A20118
     */
    public void Navigate()
    {

    }

    /**
     * @roseuid 561D46A702CD
     */
    public void Login()
    {

    }

    /**
     * @roseuid 561D46E80338
     */
    public void Logout()
    {

    }

    /**
     * @roseuid 561D46AE0289
     */
    public void Register()
    {

    }

    /**
     * @roseuid 561D46FA0250
     */
    public void Authenticate()
    {

    }
}
```

开发文档和代码

第17章

案例：汽车服务管理系统

本章介绍一个汽车服务管理系统的具体建模案例。通过该案例，读者可以进一步了解到在实际工程中如何使用 UML 来辅助软件产品的开发，加深对 UML 的理解和掌握。

视频讲解

17.1 需求分析

本节主要介绍汽车服务管理系统在需求分析阶段所要做的工作。

17.1.1 系统功能需求

本汽车服务管理系统的项目背景如下。

某汽车公司的主要业务是面向校内学生的校车业务。公司拥有 40 辆汽车，服务对象是 1600 名学生。汽车日常行驶的路线有 30 条，在节假日等特殊时间里可能会临时增加新的路线。每条路线上还设有一些站牌，乘坐校车的学生们可以在这些站点上下车。目前公司雇用了 20 个全职司机和 30 个兼职司机。汽车公司设有一个调度员，专门负责司机和路线的安排。当路线变更或增添新路线时，调度员必须将这些信息传达给司机、学生和家长。公司经常会收到学生或家长们对司机的投诉。如果投诉的情况相当严重，司机有可能会被停职甚至被解雇。另外，公司也可能会招募新员工，以替代被解雇和退休的员工，或增添新的路线。

根据汽车公司业务的基本需求，确定以下几个系统主要任务。

（1）校车、路线、司机的调度管理。

在公司对外提供服务时，确认服务所用车辆、指定车辆的行驶路线、为车辆指定司机（负责人）等是非常重要的管理任务。本系统应当负责校车的车牌、车型、指定乘坐人数等基本信息的登记，路线、路牌（站点）位置的记录，并且应当存有某时间某路线上某一车辆对应的司机与负责人是谁等信息，以便于公司对下属的人力、物力资源进行管理。

（2）司机、调度员人员管理。

在项目背景中我们了解到在司机遭到严重投诉的时候可能会被停职或解雇，并且一些老员工可能面临着退休的情况，公司也会在适当的时候招募新员工。所以为该汽车服务公司维护一份人员信息是恰当的，这也防止了在实际应用系统进行调度时产生系统记录信息与实际员工信息不一致的情况。

（3）与学生和家长通信，协商问题和传达消息。

在公司对外提供服务的时候，经常需要与司机、学生和家长进行通信。一方面是在节假日汽车更换或增添新路线的时候应当告知客户（学生及学生家长）；另一方面评定现有员工的工作能力和职业素养，如项目背景所述，主要依靠学生和家长的反馈。基于以上两个原因可以得出，与学生和家长通信应该是本系统的一个重要功能需求。

17.1.2　车辆及路线管理模块

车辆及路线管理模块的核心功能是提供并维护如下几种信息。

- 服务所用车辆信息。即在某次服务中使用了哪一辆车，行驶过程中是否发生了某些情况。
- 指定车辆的行驶路线信息。即在非节假日的时间里，某一辆车是否有固定的行驶路线。
- 车辆的负责人信息。是否有某个司机（负责人）对某一次服务或某一辆车、某一条路线负责。

17.1.3　人员管理模块

人员管理模块的核心功能是维护公司的人员信息，在人事变动时使数据库中的数据保持最新。根据项目背景，我们只考虑"司机"这一类员工的人事变动。严格地说，可以细分成全职司机和兼职司机两种员工的雇佣和停职、解雇情况。

17.1.4　信息管理模块

信息管理模块的一个重要的功能部分是负责管理和记录车辆、路线的临时变更信息，以及客户对员工的服务质量的反馈信息。另外一个重要部分是向客户递送消息，以及提供客户向公司发送消息的途径。总体来说，信息管理模块的功能类似于一个电子邮箱。根据项目背景叙述，在汽车行驶路线发生更改或出现其他突发情况的时候，调度员需要（通过该信息模块）告知学生及家长最新的情况；在学生或家长对于服务质量有质疑的时候，应该可以经由该模块发送反馈信息，如投诉等；服务人员应当通过该系统及时获取反馈，并在反馈已被处理后对消息进行管理。

17.2　系统的 UML 基本模型

本节主要介绍汽车服务管理系统的一些基本模型。

17.2.1　需求分析阶段模型

经过需求分析阶段，得出"汽车服务管理系统"的整体用例图（如图 17-1 所示）。图中存在五种主要业务参与者，分别为管理员、调度员、人事管理、客户和服务人员，这些业务参与者对应用例的详细描述如下。

图 17-1　"汽车服务管理系统"的用例图

1. 管理员

管理员在本系统中主要负责车辆管理相关的业务,在整个系统中管理员可以触发三个用例。

- 添加车辆:管理员通过此用例对新的汽车进行信息登录;
- 删除车辆:管理员通过此用例对已不存在的汽车进行删除;
- 管理车辆:管理员通过此用例维护车辆信息,及时更新车辆公里数、养护时间等重要信息。

2. 调度员

调度员在本系统中负责指定出车信息和将出车情况变动通知到客户,在系统中调度员可以触发三个用例。

- 设定路线:调度员使用此用例为每次出车(按时间、按车辆)指定路线;
- 指定司机:调度员使用此用例为车辆指定司机;
- 发送通知:调度员通过此用例将服务信息变更通知给学生和家长。

3. 人事管理

人事管理负责对司机进行管理,在本系统中人事管理可以触发四个用例。

- 解雇:人事管理通过此用例对被解雇的司机信息进行清除;
- 雇佣:人事管理通过此用例对新雇佣的司机信息进行录入;
- 停职:人事管理通过此用例对收到投诉过多的司机进行停职,并记录停职状态;
- 结束停职:人事管理通过此用例恢复一个停职司机的工作状态。

4. 客户

客户代表接受公司服务的学生和家长,客户通过本系统的"发送反馈"用例与服务人员进行交流。

5. 服务人员

服务人员的主要职责是收取客户意见，并且对于反馈进行合理的回复。在本系统中有关服务人员的用例有如下三个。

- 接收反馈：服务人员通过此用例查看客户发送的反馈；
- 管理消息记录：服务人员通过此用例对已处理或垃圾消息进行管理和删除；
- 回复客户反馈：服务人员通过此用例回复客户的反馈。

17.2.2 基本动态模型

1. 添加车辆顺序图

添加车辆的过程涉及调度员与车辆管理类、数据库管理类之间的交互。首先调度员进入系统的车辆管理模块，之后在跳转到的车辆管理界面选择添加车辆，在返回的信息添加界面中填写新车辆信息，车辆管理类将车辆信息保存入数据库。

添加车辆用例的顺序图如图 17-2 所示。

图 17-2 "添加车辆"用例的顺序图

2. 回复客户反馈顺序图

回复客户反馈的核心步骤分为以下三个。

- 服务人员通过信息处理类得到一条未读消息；
- 服务人员对信息进行回复；
- 短信发送类将回复信息发给客户。

在这三个步骤之下还隐藏着一些其他类与类之间的详细交互，这些交互可以通过顺序图来详细描述。回复客户反馈的顺序图见图 17-3。

图 17-3 "回复客户反馈"用例的顺序图

3．发送通知通信图

发送通知用例一共需要调度员与三个类进行协作。调度员通过信息处理类创建消息，信息处理类使用信息发送类发送消息，并且通过数据库管理类保存发送信息的记录。信息发送类和数据库管理类返回成功信息给信息处理类，信息处理类收到成功信息后向调度员呈现成功信息。

发送通知用例的通信图见图 17-4。

4．解雇司机活动图

解雇司机用例实质上是从系统中删除信息的过程，任何从系统中删除信息的事务都需要对操作者权限做细致的检查。在解雇司机用例中，管理员选择解雇操作，然后系统对管理员权限进行检查，若有权限，则管理员可以选择指定员工来删除其数据，过程中需要经过反复确认。

解雇司机用例的活动图见图 17-5。

5．信息模块状态图

信息管理模块每隔一段时间监听一次，当有新消息到达时将其转存到消息队列和数据库并且提示"有新消息"，当服务人员获取一条未读消息后，从未读队列中删除这条消息，并且如果未读队列已空则提示"无新消息"。

图 17-4 "发送通知"用例的通信图

图 17-5 "解雇司机"用例的活动图

信息管理模块的状态图如图 17-6 所示。

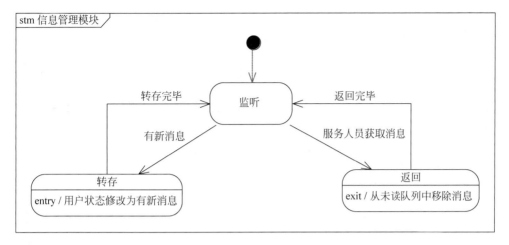

图 17-6 "信息管理模块"的状态图

17.3 系统中的类

本节主要介绍汽车服务管理系统中的类的设计过程。

17.3.1 系统类图

在实际项目中，无论对于需求的分析，还是系统的设计来说，类图都是一种必不可少的静态模型。这里建立本系统的三大主要模块的类图。为简单起见，有一些项目背景中没有给出的部分（如兼职司机和全职司机分别应当具有怎样的属性），在类图中也同样不加注明。

1. 车辆及路线管理模块

车辆及路线管理模块含有路线管理、出车管理、车辆管理三个控制类，它们均依赖于数据库管理控制类来实现具体功能；该模块存在路线、司机、车辆和出车四个实体类。

路线管理控制类的三个方法作为实现本模块的路线相关用例的接口存在，分别为添加路线、修改已有路线和删除路线。

出车管理控制类的两个方法同样作为接口，作为实现添加出车记录和删除出车记录的用例入口。

车辆管理控制类存在四个方法，其中添加车辆、修改车辆信息、删除车辆三个方法对应着添加车辆用例、修改车辆信息用例、删除车辆用例模型的控制器。添加车辆负责人对应着"指定司机"功能的控制器。

路线实体类的属性描述如下。

- 起点、终点、途经位置：表示路线的起点、终点和途经位置；
- 预计运行时间：一般情况下该路线预计运行时间，便于公司进行调度。

司机实体类的属性描述如下。

- 工号：司机的唯一识别号；
- 工作状态：司机的工作状态，正在停职状态中的司机不能参与出车。

车辆实体类的属性描述如下。

- 车牌号；
- 型号；
- 车辆状态：该车辆是否可以参与出车；
- 车辆描述：车辆的最大公里数、下次车检时间等详细信息；
- 荷载量：车辆的最大承载量(人数)。

出车实体类对应一次业务的具体信息,作为车辆和路线的关联类存在。其属性描述如下：

- 时间：出车时间和返回时间；
- 负责人：这次出车的负责司机,实质是一个司机实体类。

车辆及路线管理模块的类图见图17-7。

图 17-7 "车辆及路线管理模块"的类图

2．人员管理模块

人员管理模块由人员管理类、司机实体类组成,其中人员管理类依赖数据库管理类实现具体功能。人员管理模块类图如图17-8所示。

图 17-8 "人员管理模块"的类图

人员管理类的方法描述如下：

- 雇用：将新雇佣的员工信息录入系统；
- 解雇：将已解雇的员工信息移出系统；
- 停职：把一个受投诉的员工停职；
- 恢复：为一个正在停职状态的员工恢复工作状态。

司机实体类拥有工号、工作状态两个属性。

3. 消息管理模块

消息管理模块中存在三个控制类：消息发送类、消息处理类、消息获取类，除消息发送类外均需要数据库管理类来实现具体功能。

另外，此模块中还存在消息实体类，代表着消息事物。

消息发送类仅含一种方法，用于发送短信。

消息处理类包含四种方法，它们的详细描述如下。

- 发送新消息：创建一个新信息并发送出去，具体的发送逻辑依赖消息发送类；
- 获取未读消息：从数据库中获取一个未读的消息；
- 删除消息：删除一条消息；
- 回复消息：对一条消息进行回复。

消息获取类包含两种方法，描述如下。

- 收到消息：用于将一条新到达的消息存入数据库；
- 返回消息：将某一条消息传给信息处理类进行处理。

消息管理模块的类图如图 17-9 所示。

图 17-9 "消息管理模块"的类图

17.3.2　生成类的代码框架

以下为工具自动生成的"消息获取类"Java 源代码。其他类均可以通过自动生成来得到代码框架,仅以一个类作为样例。

```java
//Source file: MsgListener.java
package Message;
import DbManager;
public class MsgListener
{
    public Message theMessage[];

    /**
     * @roseuid 56387A280385
     */
    public MsgListener()
    {

    }

    /**
     * @roseuid 5623B2F20019
     */
    public void InMsg()
    {

    }

    /**
     * @roseuid 5623B2FC02B1
     */
    public void ReturnMsg()
    {

    }
}
```

17.4　系统的划分与部署

本节主要介绍汽车服务管理系统的划分与部署。

17.4.1　系统的包图

对于本项目,使用管理模块来划分各个包比较合适。如图 17-10 所示,包图中共有三个包,分别为车辆及路线管理模块（BusRoute）、人员管理模块（Staff）、信息管理模块（Message）。划分方法以及各个包的详细内容在前面已经介绍过,此处不再赘述。

图 17-10　"汽车服务管理系统"的包图

17.4.2　系统的部署图

如图 17-11 所示，本软件系统部署在四个位置上。其中，系统的用户界面部分部署在公司各部门的计算机上作为客户端，便于相关员工进行使用；系统的人员、车辆、路线管理模块部署在公司的 Web 服务器上；数据库部署在数据库服务器上；而信息收取和发送部分部署在短信平台上，便于进行消息的收发。

图 17-11　"汽车服务管理系统"的部署图

开发文档和代码

附 加 案 例

1. 机票预订系统

此案例是某航空公司推出的一款网上购票系统,其功能包括查询航班信息、网上购买机票、查看行程、退订机票、安排系统中的航班信息、信用评价等。

此案例的开发过程可参看其微课视频、开发文档和代码。

视频讲解　　　　　　　　开发文档和代码

2. 技术分享类博客网站

此案例是关于如何搭建技术分享类的博客网站,其中包括用户登录、注册、写博文、发评论、搜索用户、搜索博文等基本功能。

此案例的开发过程可参看其微课视频、开发文档和代码。

视频讲解　　　　　　　　开发文档和代码

3. 学习生活交流论坛

此案例是为了鼓励大学生进行学习与生活的交流而开发的论坛。论坛分为若干个板块,主要有讨论区、刷题板块、校园周边等基本功能。

此案例的开发过程可参看其微课视频、开发文档和代码。

视频讲解　　　　　　　　开发文档和代码

4. 青年租房管理系统

此案例是关于为满足广大青年的租房需求而搭建的平台,其中包括租客注册、顾客租房、租客报修与投诉、客服管理租客、客服管理合同、客服房间管理等基本功能。

此案例的开发过程可参看其微课视频、开发文档和代码。

视频讲解　　　　　　　　　开发文档和代码

5. 书籍影视交流平台

此案例是为了方便广大用户无障碍地交流书籍与影视而开发的平台,其中包括对书籍和影视进行评级、小组活动、发表帖子等基本功能。

此案例的开发过程可参看其微课视频、开发文档和代码。

视频讲解　　　　　　　　　开发文档和代码

软件设计模式及应用

文档

参 考 文 献

[1] James Rumbaugh，Ivar Jacobson，Grady Booch. UML 参考手册[M]. 姚淑珍，唐发根，等译. 2 版. 北京：机械工业出版社，2001.

[2] James Rumbaugh，Ivar Jacobson，Grady Booch. The Unified Modeling Language User Guide[M]. Addison-wesley，2001.

[3] Ivar Jacobson，Grady Booch，James Rumbaugh. 软件统一开发过程[M]. 周伯生，冯学民，樊东平，译. 北京：机械工业出版社，2002.

[4] Doug Rosenberg，Kendall Scott. 用 UML 进行用况对象建模[M]. 北京：科学出版社，2003.

[5] 余永红，陈晓玲. UML 建模语言及其开发工具 Rose[M]. 北京：中国铁道出版社，2011.

[6] Tom Pender. UML 宝典[M]. 北京：电子工业出版社，2004.

[7] Wendy Boggs，Michael Boggs. UML 与 Rational Rose 2002 从入门到精通[M]. 北京：电子工业出版社，2003.

[8] Dan Pilone，Neil Pitman. UML 2.0 技术手册[M]. 南京：东南大学出版社，2006.

[9] 吕云翔. 软件工程实用教程[M]. 北京：清华大学出版社，2015.

[10] 谭火彬. UML 2 面向对象分析与设计[M]. 北京：清华大学出版社，2013.

[11] Jim Arlow，Ila Neustadt. UML 和统一过程[M]. 北京：机械工业出版社，2003.

[12] Jeffrey L Whitten，Lonnie D Bentley. 系统分析与设计方法[M]. 7 版. 北京：机械工业出版社，2012.

[13] 谢星星. UML 基础与 Rose 建模实用教程[M]. 北京：清华大学出版社，2011.

[14] Michael Blaha，James Rumbaugh. UML 面向对象建模与设计[M]. 北京：人民邮电出版社，2006.

[15] Joseph Schmuller. UML 基础、案例与应用[M]. 北京：人民邮电出版社，2002.

[16] Sinan Si Alhir. UML 技术手册[M]. 北京：中国电力出版社，2002.

[17] 吕云翔，赵天宇，丛硕. UML 与 Rose 建模实用教程[M]. 北京：人民邮电出版社，2016.

[18] 吕云翔，赵天宇，丛硕. UML 面向对象分析、建模与设计[M]. 北京：清华大学出版社，2018.

[19] Grady Booch，James Rumbaugh，Ivar Jacobson. UML 用户指南（第 2 版. 修订版）[M]. 邵维忠，麻志毅，马浩海，等译. 北京：人民邮电出版社，2021.

[20] 薛均晓，石磊. UML 面向对象设计与分析教程[M]. 北京：清华大学出版社，2021.

[21] 胡荷芬，曹德胜，陈如意，等. UML 系统建模基础教程[M]. 3 版. 北京：清华大学出版社，2021.

图书资源支持

感谢您一直以来对清华版图书的支持和爱护。为了配合本书的使用，本书提供配套的资源，有需求的读者请扫描下方的"书圈"微信公众号二维码，在图书专区下载，也可以拨打电话或发送电子邮件咨询。

如果您在使用本书的过程中遇到了什么问题，或者有相关图书出版计划，也请您发邮件告诉我们，以便我们更好地为您服务。

我们的联系方式：

清华大学出版社计算机与信息分社网站：https://www.shuimushuhui.com/

地　　址：北京市海淀区双清路学研大厦 A 座 714

邮　　编：100084

电　　话：010-83470236　010-83470237

客服邮箱：2301891038@qq.com

QQ：2301891038（请写明您的单位和姓名）

资源下载： 关注公众号"书圈"下载配套资源。

资源下载、样书申请

书圈

图书案例

清华计算机学堂

观看课程直播